本书的研究工作得到山西省普通高校特色重点学科项目（项目名称：煤矿运输系统物联网安全监控关键技术开发与应用）的资助。

矿用输送带无损检测技术

乔铁柱 著

国防工业出版社

·北京·

内 容 简 介

本书是作者在长期从事煤矿安全工作的基础上，借鉴了国内外矿用输送安全检测的先进技术，并结合作者长期的科研成果编写而成，系统地介绍了矿用输送带故障检测的常用方法。

全书共分 6 章。第 1 章主要介绍了矿用输送带的结构、常见故障以及各种检测方法；第 2 章至第 6 章重点介绍了 5 种不同的检测方法，即漏磁检测、金属磁记忆检测、射线检测、机器视觉检测及红外视觉检测。

本书可供从事矿用输送带故障检测的技术人员以及相关专业科研人员学习参考。

图书在版编目（CIP）数据

矿用输送带无损检测技术/乔铁柱著. —北京：国防工业出版社，2015.6

ISBN 978-7-118-10252-9

Ⅰ.①矿… Ⅱ.①乔… Ⅲ.①矿山运输－输送带－无损检验 Ⅳ.①TD5

中国版本图书馆 CIP 数据核字（2015）第 148451 号

※

*国防工业出版社*出版发行

（北京市海淀区紫竹院南路 23 号 邮政编码 100048）
北京京华虎彩印刷有限公司印刷
新华书店经售

*

开本 710×1000 1/16 印张 12 字数 232 千字
2015 年 6 月第 1 版第 1 次印刷 印数 1—1500 册 定价 79.00 元

（本书如有印装错误，我社负责调换）

国防书店：（010）88540777 发行邮购：（010）88540776
发行传真：（010）88540755 发行业务：（010）88540717

前　言

无损检测是一门涉及多学科知识的综合性技术，其特点是在不破坏被测对象材质和使用性能的条件下，运用现代测试技术来确定被测对象的特征及缺陷，以评价被测对象的使用性能。

输送带是冶金、矿山生产必要的、价格昂贵的大型系统，运输能力强、运载功率高，是大量材料最经济的运输工具。输送带长期、高负荷运转和一些意外原因，如接头抽动、钢绳芯锈蚀、托辊损坏、滚筒故障摩擦、金属工件卡阻、矸石划伤等，导致输送带纵向撕裂、横向断裂，造成通道堵塞、输送带报废、系统设备损坏、人员伤亡，甚至引起输送带局部温度升高，引起外因火灾，造成运输系统重大的生产事故。

目前针对矿用输送带的检测，一般采用人工检测与无损检测相结合的方法。人工检测方法工作量大，效率低，检测精度受人为因素影响；而无损检测方法可以大致分为磁检测法、电涡流检测法、X射线检测法、金属磁记忆检测方法等。近年来，作者在矿用输送带的在线检测方面开展了一系列的研究工作，本书归纳整理了部分研究成果。

全书从矿用输送带结构和常见故障的基本知识开始，比较全面地讨论了适合矿用输送带故障的无损检测方法，即漏磁检测、金属磁记忆检测、射线检测、机器视觉检测以及红外检测，并分别设计了不同的检测系统。在编写过程中，各章相对独立，力图做到有较好的系统性和完整性。

本书得到了山西省特色学科项目"煤矿运输系统物联网安全监控关键技术开发与应用"给予的大力支持，太原理工大学测控技术研究所硕士研究生王旭东、王晓超、李兆星、李建勇等为本书的编写做了大量工作，在此表示感谢。

限于作者水平，书中难免有不妥之处，恳请读者提出宝贵的意见和建议。

作　者
2015 年 4 月

目　录

第一章 绪 论

随着工业水平不断发展，运输系统输送带已从简单的运输系统发展成为具有多种类型且运输距离长、运输量大、运输速度快、多功能的现代化运输设备。其中，矿用输送带伸长率小、抗拉强度高、动态性能好，能够长距离、大量、高速度地输送物料，以及适应各种不同的环境和物料，十分经济实用。因此，输送带运输系统被广泛地应用于矿山、冶金、码头、电力等部门的散状物料运输。

然而，随着输送带运输系统运载量和运载速度的不断增加，在长期的运行过程中，输送带横向断裂、纵向撕裂事故时有发生，对安全生产造成了严重的负面影响，直接影响生产效率的提升，甚至威胁到工作人员的人身安全。据不完全统计：自 1989 到 1995 年间，大同煤业集团共有 7 次输送带断带事故发生，共计影响生产将近 400h 影响产量达 30 万 t，导致部分生产设备损毁，造成了严重的经济损失，严重的甚至影响到了工作人员安全；自 1992 年以来，平煤集团共发生断带事故 24 起，累计影响生产时间达 1706.2h，造成采煤产量 20 余万吨的损失；2002 年底，淮北矿业集团公司朱仙庄煤矿连续发生 5 起输送带断带事故，严重影响到全矿的安全生产；2005 年，山西某矿发生了两起断带事故，每次断带后下滑近 400m，累计影响生产达一个月之久，造成严重的经济损失；2008 年 12 月，北京某公司主斜井高强运输系统输送带发生断带事故，损坏输送带架 120 架、抓捕器 1 组；2012 年 8 月 23 日，某选煤厂原煤车间 M21 输送带机发生撕带事故，导致 M21 输送带全程撕裂，造成严重的经济损失。

众多事故所造成的严重后果引起人们对断带、撕裂事故的高度重视。在煤矿中，带式运输机常运行在较为恶劣的环境中，各种环境因素会使输送带受到腐蚀、磨损而造成输送带的钢绳芯断芯、接头抽动等损伤，给输送带的安全使用带来极大的隐患。因此，如何预防输送带的断裂、撕裂，已经成为保证安全高效生产的重要课题。

1.1 钢绳芯输送带简介

带式运输机作为块状、粉状等散料的运输工具广泛地应用于农业、工矿企业和交通运输业，它能够实现对物料的大运量、高速度、不间断运输，而且它操作简单，运输费用低，能够大大降低运输距离和建造成本。在煤矿运输中，运输系统输送带也是比较理想的设备，具有其他设备无可比拟的优势，它可以根据煤炭的存储量以及巷道的长度、宽度、坡度等工矿条件量身定制，适应复杂的地形环境。

1.1.1　输送带的分类

输送带用于带式运输机中物料的承载和运送，一般是由橡胶与纤维、金属、塑料或织物等材料复合制成的。输送带按其用途、材料和结构可以分为多种不同类型。

（1）按输送带覆盖层材料划分为橡胶输送带和塑料输送带。

（2）按输送带带芯材料划分为织物芯输送带和钢绳芯输送带。

（3）按输送带表面形状划分为平面输送带、花纹输送带和挡边输送带。

（4）按输送带带芯结构划分为整芯输送带和叠层输送带。

（5）按输送带安全性能划分为阻燃型输送带和非阻燃型输送带。

矿用输送带（煤矿用的输送带的简称）必须符合我国的《煤矿安全规程》的规定，矿井下有瓦斯、煤炭等易燃物质，所以必须采用阻燃型输送带。目前，我国在煤矿井下使用的输送带有三种：煤矿用阻燃钢绳芯输送带，煤矿用织物整芯阻燃输送带，煤矿用阻燃钢丝绳牵引输送带。

1.1.2　钢绳芯输送带的结构

钢绳芯输送带是带式运输机的主要组成部分，其一般结构是由覆盖层与抗拉层组成。其中，抗拉层由多根等间距的钢丝绳组成，承担了运输系统输送带在运输过程中的绝大部分负荷。钢绳芯外部覆盖层由橡胶制成。钢绳芯输送带的总体结构如图 1-1 所示。

图 1-1　钢绳芯输送带结构图

由图 1-1 可以看出，钢绳芯输送带主要由钢绳芯、覆盖胶构成。覆盖胶能够保护输送带免受各种杂物以及大块物料对传送带的损伤。钢绳芯的周围可以进行抗腐蚀材料等的填充，使得钢绳芯本身不会受到严重损伤。钢绳芯输送带主要承受工作负荷的部分是其内部的钢绳芯。

它们的各自特点及规格如下[1]。

（1）钢丝绳的材质一般是镀锌高碳钢，若干根细钢丝先形成股线，股线再环绕成绳。钢丝绳一般有七股式、三股式，在整条输送带中含有等量的左右互捻的钢丝绳。钢绳芯是输送带的承拉部件，为其提供了更高的强度和更低的伸长率。

（2）芯胶选择黏合力比较强的贴胶，使钢丝绳和芯胶紧密结合，不易脱落。芯胶把钢丝绳完整地包裹在里面，使钢丝绳之间具有良好的黏合强度，可以很好地传递应力，防止钢绳芯在使用过程中抽出。

（3）覆盖胶的规格必须具有较好的拉伸强度和耐磨性，上覆盖胶为物料承载面，下覆盖胶与滚筒接触，主要是抓紧力强、防止打滑。输送带表面盖胶具有保护内部钢绳芯、运送物料和传输动力的优点，同时还可以减小物料下落的动量、减少磨损，并且输送带覆盖胶的摩擦系数很大，可以实现大角度、高速运送物料的功能。

正是由于钢绳芯输送带具有如此特殊的结构，所以具有拉伸强度高、伸长量小、成槽性好、抗冲击及抗弯曲疲劳性好、寿命长等优点，适合高速度、长距离、大负荷的散状物料的运输，广泛应用于码头、煤矿、电厂、冶金等重工行业。

1.1.3 钢绳芯输送带的接头

钢绳芯输送带接头搭接形式共分为一级接头、二级接头、三级接头和四级接头 4 种。接头是由热硫化交接而成，其搭接长度和搭接形式是根据输送带型号、钢丝绳的直径、间距、最小破断拉力和与橡胶之间的黏合强度而定。接头中的钢丝绳必须有一定搭接长度，使接头处钢丝绳与橡胶的黏合力大于钢丝绳的最小破断拉力[2]。图 1-2 为 4 种接头中钢丝绳之间的搭接形式图。

图 1-2　钢绳芯搭接示意图

钢绳芯输送带的铺设距离较长，单机的输送带长度最长可达几十公里。因此，整个输送带存在多个接头，而接头部分最容易出现断裂。接头的形式、质量将会直接影响到整个输送带的强度。所以，接头部分是钢绳芯输送带的最薄弱环节，也是最重要的环节。在通常情况下，人们用来评价一条输送带质量好坏的指标是输送带安全系数，即输送带抗拉强度与正常运行状态满载或设计最大负载的比例。然而，影响输送带抗拉强度的主要因素就是接头强度。目前，许多厂家称接头效率可达到 90% 以上，这只是输送带静态时的接头强度。而输送带在运行过程中所受的张力具有时变性，物料的变化和大块物料的冲击都会使其张力突然变大，这些动态最大突变张力是影响接头强度的重要因素。此外，影响输送带接头强度的因素还有接头结构、输送带动态负载、运输机稳定状态下负载。

本书所述的矿用输送带，即为煤矿用阻燃钢绳芯输送带。在以后的篇幅中，钢绳芯输送带统称为矿用输送带。

1.2 矿用输送带的常见故障及其机理研究

矿用输送带在运输过程中，钢绳芯通过与橡胶之间的黏合力实现输送带传递拉力。随着矿用输送带的长时间使用，运行时受到的不平衡的拉力、摩擦和冲击等多种作用以及钢绳芯与橡胶之间的黏合力不断降低，会导致矿用输送带产生多种损伤，例如：钢绳芯磨损和腐蚀导致的钢绳芯截面积减小；钢绳芯金属疲劳导致的钢绳芯失效等。当钢绳芯损伤达到一定程度的时候，将有可能发生传送带撕裂的事故，造成人身财产及重大的经济损失。

在煤矿运输系统中，造成矿用输送带发生断带事故的原因，除了输送带正常的磨损还有人为因素和其他因素造成的输送带非正常磨损和破裂，甚至断带、撕裂。停机检修或者更换新的输送带所浪费的人力、物力以及经济损失非常巨大，甚至会造成机毁人亡的重大事故。对于煤矿安全运行的维护工人以及科研人员，要做到提前预防事故并尽量减少不必要的停机，延长运输系统输送带的使用寿命，首先就要先调查清楚其产生故障的原因，并且要分析输送带故障类型。

矿用输送带故障主要有横向断裂、纵向撕裂、火灾等，其中：横向断裂主要由钢绳芯锈蚀、接头抽动和断裂导致；纵向撕裂主要由托辊、滚筒故障摩擦、金属构件卡阻、矸石划伤等危险源引起。

1.2.1 矿用输送带运行故障分析

1. 疲劳损伤影响弯曲应力

由于现场空间的限制，矿用输送带内的钢绳芯在运输机运行时要不断地绕过滚筒，随着其弯曲次数的增多，最终造成疲劳损伤。如果滚筒直径比较小，那么输送带的弯曲应力会很大。为了延长输送带的使用寿命，必须综合考虑滚筒质量、驱动装置、安装尺寸等其他因素。

2．运输机的张紧装置影响输送带张力

输送带在运输系统正常运行时会有一定的张力，在运输机开启和制动这两种情况下，矿用输送带的张力也不同。在运输机正常运行期间，输送带的张力小于运输机在启动和制动时输送带的张力。考虑到这两种情况，带式运输机的张紧装置必须同时满足不同状态下输送带的张紧要求。如果运输机的张紧装置采用的是重锤式，此时输送带张力是一定的，那么输送带的张力是按带式运输机在正常运行、开启和制动这三种情况来设计的最大张力。不过，这样做会使输送带在一定程度上始终保持高张力的状态，从而使输送带内的钢绳芯的使用寿命减少，长期使用很容易在钢绳芯接头处发生抽动和断丝的现象[4]。

3．输送带张力分布影响钢丝绳寿命

为了增大煤炭的装载面积，运行时的输送带通常呈槽形。输送带由水平段过渡到槽形时，带的边缘会比中间拉伸的更大一些，致使钢绳芯输送带的张力分布在横截面上不均匀，具体如图1-3所示。

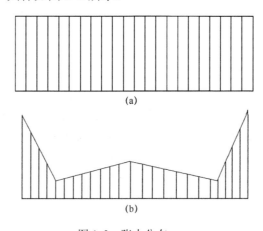

图1-3 张力分布

（a）正常区段上张力的均匀分布；（b）槽形过渡区段上张力的不均匀分布。

水平区间上的张力分布如图 1-3(a)所示，在槽形过渡区间上的张力分布如图 1-3（b）所示。与输送带中心相比，带边张力较大，而输送带内部的钢绳芯伸长率小。因此，输送带边缘的钢绳芯更容易出现断丝。

1.2.2 矿用输送带外因故障分析

1．外力过大

输送带因外力突然增大而剧烈拉伸时，会出现钢绳芯的断裂，造成输送带破损甚至断裂。如果输送带在运行过程中突然受到煤块、撬棍、矸石等大块的、尖锐的物料跌落在输送带上，并卡到输送带运行线上的导料槽、分料板等设施上，此刻输送带的拉伸力会突然增大，可能会导致输送带划伤并造成纵向撕裂断带事故。正常工作的清扫机和其他设备由于突然出现故障而卡住输送带，输送带遭受的阻力增加，导致撕裂断带事故；运输系统输送带由于其运行周期不长而且经常起停，张力会随设备的运转而突然增大，也会导致输送带撕裂断带。

2. 腐蚀

矿用输送带由于长期使用，其表面覆盖胶会逐步磨损、老化、龟裂，接头开缝最初表现为覆盖胶开裂，如果破损处不能及时修补，钢绳芯将暴露在外面，水通过覆盖胶的缝隙浸入钢绳芯，导致钢绳芯锈蚀，钢绳芯的强度降低，进而导致钢绳芯断裂。硫化接头是输送带强度最薄弱的环节，其损坏与硫化工艺、材料、使用环境等因素有关[6]。不正确的敷层、涂液、两次以上的硫化会导致硫化接头质量差，特别是硫化接头有起泡或者搭接边缘开裂，此时接头的强度会明显下降。

3. 突发性的损伤

输送带在运行过程中，导向槽衬板与输送带之间的缝隙不断变化，造成非正常损耗，或者有异物卡进缝隙造成异常磨损和划伤；导向槽衬板处物料流速与输送带的速度不一致，落差度大，也会使输送带的表面损伤加速；托辊损坏造成输送带异常磨损和划伤；输送带打滑也会造成异常损耗。

从宏观角度看，不管是什么原因导致输送带接头损坏甚至断丝，必然会造成输送带接头区域的应变以及钢绳芯的抽动。一旦输送带接头区域的部分钢绳芯发生抽动，输送带还在正常运行中，所有的运转负荷就加载到没有发生抽动的钢绳芯上。如果此时没有及时发现局部应力集中区接头的抽动，随着发生抽动的钢绳芯不断增多，接头变形区域不断扩大，输送带接头处的强度和韧性会变得越来越差。当接头区域发生抽动的钢绳芯数量越来越多，等变形区域扩展到一定程度时，会导致钢绳芯与芯胶层之间的黏合度越来越低。当黏合度难以承受负载时，所有的钢绳芯都会被抽出。这就是发生断带的机理。

1.3　矿用输送带的检测方法

准确地对矿用输送带的运行状态及接头检测、分析、诊断，是排除安全隐患的重大课题，尽可能早发现接头处钢绳芯发生抽动或断裂等故障征兆，可以很好地避免断带事故发生。近些年，各国专家针对钢绳芯输送带故障检测方法进行了广泛而深入的研究，取得了较大的进展。

1970 年以来，国外不断加大矿用输送带无损检测的研究力度，先后尝试了电磁检测、微波检测和 X 光检测等多种检测方法。澳大利亚 A.Harrison 依据磁感应原理研制出一种矿用输送带监测装置 CBM 检测器，并获得专利[7,8]。该 CBM 探测器在设计好的支架上、下处安装两个传感器，通过这两个传感器对夹在中间的输送带内的钢绳芯进行探测，对信号进行预处理，钢绳芯的损伤程度可以显示出来。该探测器完全不同于以往的 X 光机检测，取得了电磁检测故障的新进步。1982

年到 1987 年，加拿大、美国、德国、南非等国家将这种电磁检测技术广泛地应用在矿产行业中，目前这种方法是国际上矿用输送带接头检测的主要方法；还有加拿大的 BELT C.A.T. [9]、俄罗斯的 INTROCON 等[10]。1990 年，澳大利亚的新萨斯特尔大学开发出一套阵列传感器系统，随后美国一家运输机公司在这套系统上开发了一系列的矿用输送带无损检测系统[11]。近几年，美国、德国对该项研究投入较大，发展也比较快。俄罗斯"动力诊断"公司开发了一种全新的无损检测方法——金属磁记忆检测法，并研制了检测仪器来检测应力集中和各种缺陷[12]。

我国对矿用输送带的无损检测起步较晚，经过几十年的努力，在一些方面逐步与国际接轨。我国在输送带故障检测中最初采用人工检查的方法，凭借经验判断内部钢绳芯接头是否发生抽动或者断裂；随着 X 光机在设备故障检测中的应用，开始采用辅助 X 光机对静态矿用输送带进行检测。随着无损检测技术的不断发展，一些单位将无损检测技术应用到钢绳芯输送带故障检测中。例如：北京的中国矿业大学开发的"钢绳芯输送机输送带横向 X 射线透视探伤监测装置"，实现了钢绳芯输送带在线实时定性检测的核心技术，极大地推动了对矿用输送带故障检测的研究[13]；1998 年太原理工大学的科研人员采用电磁转换技术，成功开发了电磁式矿用输送带在线实时检测设备，这一成果在我国很多煤矿得到了广泛应用，又一次推动了输送带故障检测技术的发展[14]。近几年，随着计算机技术、传感器技术、信号和图像处理技术的发展，我国多家科研院所又相继研制出了集电磁检测与 X 光机检测于一体的钢绳芯输送带实时在线无损检测装置。洛阳逖悉钢丝绳检测技术有限公司研制的 TCK 钢绳芯输送带在线实时自动监测系统[15]，厦门爱德森公司研究出的 EMS-2003 智能磁记忆/涡流检测仪、EEC/SMART-2004 智能型多功能电磁检测仪、EEC/SMART-2005 智能型电磁/超声多功能检测仪等[16]，这些优秀的科研成果极大地促进了矿用输送带的无损检测技术发展。目前，矿用输送带在线实时监测系统还需在以下几个方面不断完善：稳定性、数字化、智能化、自动化、信息化、网络化等[17]。

现阶段，矿用输送带的故障检测方法分为两类：人工检测法和无损检测法。

1.3.1　人工检测法

人工检查方法就是现场维修人员采用目测、手摸或做记号的方法，观察输送带外形，判断输送带接头是否伸长或者变形，主要有以下三种方法[18]。

1. 观察输送带"起泡"现象法

由于输送带表面覆盖着一层薄胶，当钢绳芯接头发生异常损坏而抽动时，输送带表面就会有"起泡"现象发生。当起泡面积达到一定程度时，停机更换或者维护加固，这是输送带使用现场常用的一种故障检测简便方法。这种方法的缺点是需要停机，并且清除输送带表面的杂物。

2. 输送带标线长度测量法

该方法就是将几组标刻线均匀的标刻在硫化接头的边界处，并且标线长度一

7

定，检测前要事先设定好标线阈值。当输送带投入实际运行后定期对每条标志标线检测，如果检测到有标线拉伸长度超过设定阈值时，启动 X 射线探测设备对接头拍照进行图像分析，来确定硫化接头损坏的程度大小，最终确定是否要更换输送带或者硫化接头。这种方法的缺点是可执行性差，需要事先对传输带进行清理。

3. 输送带表面应变测量法

这种检测方法的原理是将输送带划分为高低应力区，在低应力区传输带表面等间距标刻上同样大小的网格。当网格随着传输带运转到高应力区时测量网格形变大小，根据形变大小来确定钢绳芯损坏程度。这种方法的缺点是需要不定时停机检测，而且表面刻画的网格容易受到污损。

上面所述的人工检测方法需要维修工人有专门的检修时间，在输送带静止情况下，凭借经验对输送带表面变化情况进行判断，容易造成漏检和误判，并且只能在故障发生后进行检测。优点是方法简单；缺点是环境条件恶劣，劳动强度大。

1.3.2 无损检测法

无损检测 (Nondesturctive Testing，NDT) 技术，就是利用声、光、磁和电等特性，在不损害或不影响被测对象使用性能的前提下，检测被测对象中是否存在缺陷或不均匀性，给出缺陷的大小、位置、性质和数量等信息，进而判定被测对象所处工作状态（如故障、缺陷、剩余寿命等）的所有技术手段的总称。随着科技的发展，无损检测技术得到广泛的应用，新的无损检测方法及设备如雨后春笋般地出现。通常矿用输送带故障采用无损检测的方法有 X 射线检测、超声波检测、漏磁检测、磁粉检测、机器视觉检测[19-22]等。

1. X 射线探测检测法

X 射线探测检测法[23]基本原理是 X 射线穿透慢速运行的矿用输送带，打在 X 射线光伏探测器上，经过一系列处理，通过观察输送带二维投影图像，查看钢绳芯及接头状况，还可以将图像信号转化为数字信号，储存在计算机上，进一步分析和判断。这种方法的优点直观、可靠；缺点是 X 射线会对人体造成伤害，对输送带内部接头小幅度抽动情况无法检测，从而埋下极大隐患[24]。

2. 超声波检测法

超声波检测法[25,26]是一种比较成熟的无损检测技术，基本原理是利用超声波在钢绳芯输送带内传播时，输送带的声学特性以及结构变形会影响超声波的传播，通过检测超声波受影响的状况和程度，推测输送带结构的变化。这种方法的优点是输送带表面裂纹和内部变形都可以探测到；缺点是需要清洁输送带表面，输送带与探头之间要加耦合剂，对轴向裂纹分辨力差，容易漏检微裂纹，且需要有经验的检修人员[27]。

3. 漏磁检测法

漏磁检测法[28,29]的原理是输送带表面或近表面有缺陷的地方，由于磁导率的变化，磁力线会逸出表面，产生漏磁场。检测时，先用磁化传感器将钢绳芯均匀磁化，采用漏磁放大器检测钢绳芯上的漏磁信号。这种方法的优点是可以在线检测、准确定位接头抽动和损伤位置，结果可靠；缺点是操作复杂，需要预先磁化钢绳芯，检测结束后还需要退磁，耗能大。图 1-4 所示为无缺陷和有缺陷时金属构件的磁感应线。

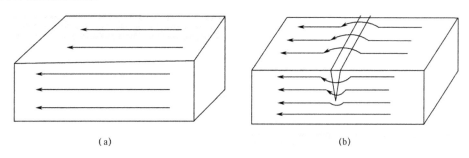

（a）   （b）

图 1-4　金属构件的磁感应线

（a）无缺陷的磁感应线；（b）有缺陷的磁感应线。

4. 金属磁记忆检测法

金属磁记忆检测法[30,31]是近些年发展起来的一种新型无损检测技术，铁磁性金属部件在加工或运行时，其内部各种微观缺陷和局部应力集中在地磁场作用下有特殊反应机制，根据这个特点可以对金属构件进行早期诊断，是金属材料早期损伤无损检测中的一个有效方法。这种方法的优点是不需专门的磁化装置，探头提离效应小，不需要添加耦合剂，可以快速准确检测应力集中区，灵敏度高，在无损检测领域中具有广阔的应用前景。

表 1-1 列出了目前钢绳芯输送带常用的检测方法之间的对比。

表 1-1　目前矿用输送带常用检测方法的分析

检测方法 比较项目	人工检测	漏磁检测	X 光机检测	金属磁记忆检测
检测时输送带状态	静止	在线	静止	在线
接头抽动与断丝	经验判断	定性的判断	定性的判断	定性的判断
设备投入	无需设备	磁敏探头	便携、大型 X 光机设备	阵列传感器
完成检测所需时间	检修时间长	依输送带长度判定，较快	检修时间长	依输送带长度判定，较快
对人体健康影响	环境恶劣，有一定伤害	自动在线检测，对身体无伤害	X 光的辐射，有较大伤害	自动在线检测，对身体无伤害
直观性	人工观察，较直观	信号的变化，直观	图像观察，较直观	信号的变化，直观
产生缺陷的状态	已产生明显缺陷	已产生缺陷	已产生明显缺陷	提前预测应力集中区

参 考 文 献

[1] 孟国营, 方佳雨. 钢芯输送带接头损坏原因及一次破断试验研究[J]. 煤炭科学技术, 2003, 31(9): 5-7.

[2] 张丽娟, 蒋国文, 杨永光, 等. 钢绳芯胶带的接头工艺探讨[J]. 煤, 2004,(3): 41-43.

[3] 孟国营, 方佳雨. 钢芯输送带接头损坏原因及一次破断试验研究[J].煤炭科学技术, 2003, 31(9): 5-7.

[4] 陈冰. 钢丝绳芯输送带钢绳芯断裂原因分析[J]. 起重运输机械, 2010,(4): 96-98.

[5] 王小勇. 浅析钢丝绳芯输送带断裂事故[J]. 科技信息, 2008,(6): 314.

[6] 王晓红. 钢丝绳芯输送带接头的硫化及操作法[J]. 煤, 2010,19: 48-50.

[7] Harrison A. A new technique for measuring loss of adhesion in conveyor belt splices[J]. Australian J. Coal Mining Technology and Research, 1984, (4) : 27-34.

[8] Trevor Lowe. The application of the nondestructive test of conveyor belts-a practical experience at welbeck colliery[R]. Mining Technology, 1994: 77-81.

[9] Blum Dieter W. Apparatus and Method of Damage Detection for Magnetically Permeable Members: U.S., 5570017[P].1992.

[10] V Sukhorukov. STEEL-CORD CONVEYOR BELT NDT[C]. The 8th International Conference of the Slovenian Society for Non-Destructive Testing. Application of Contemporary Non-Destructive Testing in Engineering, 2005, 9: 237-244.

[11] Lowndes I S, Silvester S A, Giddings D, et al. The computational modelling of flame spread along a conveyor belt [J]. Fire Safety Journal, 2007, 42(1): 51-67.

[12] Doubov A A. Screening of weld quality using the metal magnetic memory[J]. Welding in the world, 1998, 41: 196-199.

[13] 高毓麟, 程红. 输送带横向断裂预报系统的工作原理与实现[J]. 煤炭学报, 1995, 20(3) : 288-29.

[14] 刘志河, 张海涛. 钢绳芯胶带绳芯在线实时监测系统[J]. 煤炭科学技术, 1998, 26(5) : 38-40.

[15] http://www.tck-cn.com/pidai01.htm.

[16] http://www.eddysun-ndt.com.

[17] 吴瑞清. 胶带输送机的国内外发展趋势[J]. 煤炭技术, 2000,19(6): 4-6.

[18] 吉增权. 钢丝绳芯输送带检测技术及其发展状况[J]. 机电产品开发与创新, 2011,24(5): 141-143.

[19] Liu Wei-Wei, Yan Yun-Hui, Li Zhan-Yu, Li Jun. An image filtering algorithm for online detection system of steel strip surface defects[J]. Journal of Northeastern University: Natural Science, 2009, 30(3): 430-433.

[20] YIN Y J, XU D, ZHANG ZH T. Plane measurement based on monocular vision[J]. Journal of Electronic Measurement and Instrument, 2013, 27(4): 347-352.

[21] ZHANG T T, CHENG T, LIU J H. Bend tube spatial parameter measurement method based on multi-vision[J]. Chinese Journal of Scientific Instrument, 2013, 34 (2): 260-267.

[22] ZHANG Y X, WANG J Q, WANG SH. Freight train gauge-exceeding detection based on large scale 3D geometric vision measurement[J]. Chinese Journal of Scientific Instrument, 2012, 33(1): 181-187.

[23] DU Dong, Hou Runshi, SHAO Jiaxin. Technology of real time on D-S theory of evidence[C]. New technology Forum on Far East Nondestructive Detection, Nanjing, 2008.

[24] 闫兴德, 陶晋宜, 申红燕, 等. 基于 X 射线的钢绳芯输送带检测系统[J]. 煤矿机电, 2011,(1):68-70.

[25] ZHENG Y, HE C F, WU B. Chirp signal and its application in ultrasonic guided wave inspection[J] . Chinese Journal

of Scientific Instrument, 2013, 34(3): 552-558.

[26] ZENG W, YANG X M, WANG H T. Laser ultrasonic technology and its applications[J]. Nondestructive Testing, 2013, 35(12): 49-52.

[27] 任吉林, 林俊明. 电磁无损检测[M]. 北京: 科学出版社, 2008, 345-346.

[28] GOTOH Y，SAKURAI K，TAKAHSHI N. Electromagnetic inspection method of outer side defect on small and thick steel tube using both AC and DC magnetic fields[J]. IEEE Transactions on Magnetics，2009，45(10) : 4467-4470.

[29] Zhu hongjun, Lin Yuanhua, Zeng Dezhi. Simulation analysis of flow field and shear stress distribution in internal upset transition zone of drill pipe[J]. Engineering failure analysis, 2012, 21: 67-77.

[30] ROSKOSZ M, BIENIEK M. Evaluation of residual stress in ferromagnetic steels based on residual magnetic field measurements[J]. NDT&E International, 2012, 45(1)：55-62.

[31] YAO K, WANG Z D, DENG B. Experimental research on metal magnetic memory method[J]. Experimental Mechanics, 2012,52(3): 305-314.

第二章 漏磁检测原理及技术

现阶段，作为煤矿运输系统的关键环节，矿用输送带运行状况的好坏直接关系到煤矿生产和人身安全。矿用输送带常见的故障分为表面故障和内部故障两类。表面故障主要包括纵向撕裂、横向断带以及输送带跑偏；内部故障即内部钢绳芯的故障，主要包括绳芯断丝、接头抽动等。本章所介绍的漏磁检测法，是一种直接针对输送带内部钢绳芯损伤检测的电磁无损检测法。本章首先讲述了电磁无损检测的基础知识，阐述了漏磁检测的原理以及两种分析和描述漏磁场的数学模型，最后结合已有的文献资料，提出了一种漏磁检测探头的设计方案。

2.1 电磁学基本知识

2.1.1 磁现象和磁场

载流导体的周围存在磁场，磁化后的物体如磁铁棒的周围也存在磁场。虽然磁铁棒磁场和载流导体周围磁场的产生不一样，但都认为磁场是由电流产生的。在历史上很长一段时间里，磁学和电学的研究一直彼此独立发展。人们曾认为磁与电是两类截然分开的现象，直到 19 世纪，一系列重要的发现才打破了这个界限，使人们开始认识到电与磁之间有着不可分割的联系。

一个电子围绕原子核在轨道上旋转，形成一个微小的电流环。由于电流环的存在，就产生了磁场。而所有物质的原子周围都有电子旋转，所以我们可以想象所有的物质都有磁效应。这种效应对大多数物质来说是很微弱的，但有一些物质，包括铁、镍、钴等，具有很强的磁效应。除沿轨道的运动外，电子还存在自转，这两种运动都能产生磁效应，而电子自转的效应是主要的。这种电子或电荷的运动相当于一个非常小的电流环，这个小电流环在效果上就是一个微小的磁铁。显然，每一个原子电流环的磁矩都很小，但是一根磁铁棒里的亿万个原子电流环所呈现的总效应就能在磁铁棒的周围形成一个强大的磁场。

所有磁化物体都有一个北极（N 极）和一个南极（S 极），它们不能独立存在。磁极不能孤立存在，而电荷却可以。这是磁场和电场的重要区别之一。

2.1.2 磁学的基本物理量

1. 磁感应强度 B

磁感应强度又称磁通密度，是表示磁场内某点性质的基本物理量。其方向与该点的磁感应线方向一致，大小用垂直于磁场方向的单位截面积上的磁感应线数目来表示。国际单位制中，磁感应强度单位是特斯拉（T），即$1T=1Wb/m^2$。

2. 磁通量 Φ

磁通量表示在磁场中穿过某一截面积 A 的磁感应线数。在均匀磁场中，由于各点 B 的大小与方向相同，如取截面 A 与磁场方向垂直，则 $\Phi=B\cdot A$。国际单位制中，磁通量的单位为韦伯（Wb）。

3. 磁场强度 H

因为磁感应强度 B 与磁场内的介质有关，为了排除磁介质的影响，引入磁场强度矢量 H，它的大小仅与产生该磁场的电流大小及载流导体的分布形状有关。磁场强度 H 和磁感应强度 B 有如下关系：$H=B/\mu$。在国际单位制中，磁场强度的单位为安每米（A/m）。

2.1.3 物质的磁特性

磁导率表示材料被磁化的难易程度，用符号 μ 表示，单位为亨每米（H/m）。为了比较各种材料的导磁能力，把任何一种材料的磁导率与真空磁导率的比值，称为这种材料的相对磁导率[1]，用 μ_r 表示。

不同材料，因为其构成物质不同，导致其磁导能力大小存在差异。研究中一般将真空下的磁导能力设为1，则抗磁性材料的相对磁导率小于1；反之，顺磁性材料的相对磁导率就大于1。在顺磁性材料中，相对磁导率的大小差异也很大，从略大于 1 到几百甚至数千不等。铁磁性材料是最典型的顺磁性材料之一，且其相对磁导率往往都在数百以上的级别，这其中最典型的铁磁性材料是铁、钴、镍等。

铁磁材料属于强磁体。近代的科学实践表明，铁磁材料的磁性主要来源于电子的自旋磁矩。在没有外磁场的条件下，铁磁材料中电子自旋磁矩可以在小范围内"自发"排列起来，形成一个个小的"自发磁化区"。这种自发磁化区称为磁畴[2]。每个磁畴都有各自的磁化方向，当铁磁性材料没有被磁化时，磁畴方向各异，对外整体不显磁性。当外磁场从无到有、从弱到强时，磁畴的方向、位置和体积等都会发生变化。

物质的磁滞回线[3]用来说明在外磁场作用下的物质被磁化的磁场强度变化的固有方式，这是物质的基本特性之一[4]。如图 2-1 所示为物质的磁滞回线曲线，由图 2-1 可知，物质的磁化过程磁场的强度变化可分以下几个过程。

（1）平稳起始区（图中Ⅰ区）。在该磁场强度变化区，铁磁构件被外界磁场磁化的速度极为缓慢。

（2）急速变化区（图中Ⅱ区）。铁磁构件的磁化率达到整个过程的顶点，在外磁场的作用下，铁磁构件的磁场强度迅速变大。

（3）近似饱和区（图中Ⅲ区）。在外磁场强度不断增大的同时，铁磁构件的磁场变化缓慢，接近于饱和。

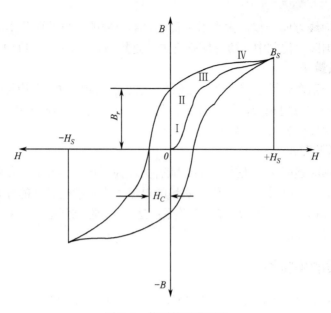

图 2-1 物质的磁滞回线

（4）磁场饱和区（图中IV区）。不管外磁场如何变化，铁磁构件内部的磁场都不随着改变，趋于稳定。

由图 2-1 可知，所有的物质的被磁化的过程，都不会是一个简单的线性关系，也不会随着外界磁场的增大而不断增大，而是一个复杂的曲线。在开始时，被磁化磁场变化缓慢；在中间时，被磁化磁场变化极为迅速；接下来，被磁化磁场到达饱和期，不随外界磁场的改变而变化。该曲线反映了物质被磁化的过程，它的理论基础是建立在磁畴上的，物质的磁化和退磁皆是由磁畴的运动引起的。

物质的磁畴在初始状态[5]，即在没有受到外磁场的干扰时，物质的内部的磁畴呈饱和状态，磁畴运动形成的内部磁场相互抵消，物质表现出来的总的磁场大小为 0，即

$$\sum_i MV_i \cos\theta_i = 0 \tag{2-1}$$

式中：V_i 为第 i 个物质内部的磁畴的大小；θ_i 为第 i 个磁畴所受到的外界的磁化强度矢量 M 与某一特定方向间的夹角的大小。

当物质受到外界磁场的干扰时，物质开始按照磁滞回线的规律进行磁化，磁畴打破原有的平衡状态，开始运动，有

$$\delta M_H = \sum_i (M\cos\theta_i \delta V_i + MV\sin\theta_i \delta\theta_i \delta M) \tag{2-2}$$

式中：多项式的第一项是外部激励磁信号接近的磁畴产生的影响；第二项是物质内部磁畴的运动，对磁场所产生的影响；第三项是物质内部磁畴的自身运动，对物质的磁性所产生的影响。

由物质磁化时的磁滞回线和以上磁畴的表达式相结合，可以得知，外部激励

磁场如果磁场强度较小，则磁畴的位移对磁场的影响为主，如果外部激励磁场为强磁场时，则磁畴的转动对物质的磁场的影响为主。

2.1.4 磁路及其定理

磁路[6]是利用铁磁物质组成一定结构，构成磁通的路径，用通电线圈或永久磁铁作为磁源，由于铁磁物质的磁导率较其周围的空气或非铁磁物质高，可使磁通集中在这个路径中。磁路具有以下特点。

（1）由于铁磁物质的磁导率比周围空气的磁导率大得多，可以认为磁通主要集中在磁路里。

（2）磁路可分为几段，一般包括磁源、连接磁源形成磁通路的衔铁、气隙。各段具有相同的截面积和相同的磁特性。在磁路中，磁场强度处处相同，方向与磁路路径一致。

（3）在磁路的任一截面上，磁通都是均匀分布的。

在电磁学中，磁路常涉及到以下两个定理。

（1）高斯定理：磁场中穿过任何一个闭合曲面的磁通量恒为零。

$$\oiint B\mathrm{d}s = 0 \qquad (2\text{-}3)$$

（2）安培环路定理：磁场强度沿闭合路径的线积分，等于环路所包围的所有传导电流的代数和。

$$\oint H\mathrm{d}l = \sum I \qquad (2\text{-}4)$$

上述两个定理在磁路中的具体应用便构成了磁路的两个基本定律。

（1）磁路基尔霍夫第一定律：对于磁路中的任一闭合面，穿过该闭合面的各分支磁路段磁通量的代数和为零。

$$\sum \Phi = 0 \qquad (2\text{-}5)$$

（2）磁路基尔霍夫第二定律：任一闭合磁路上磁动势的代数和恒等于磁压降

$$\sum F = \sum \phi R_{\mathrm{M}} \qquad (2\text{-}6)$$

2.2 漏磁检测理论概述

漏磁检测是一项自动化程度较高的磁学检测技术，其原理[7]为：铁磁材料被磁化后，其表面和近表面缺陷在材料表面形成漏磁场，通过检测漏磁场来发现缺陷。漏磁检测流程图如 2-2 所示。

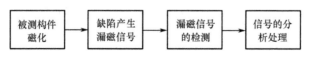

图 2-2　漏磁检测流程图

2.2.1 被测构件的磁化

在无损检测过程中，首先要对材料进行磁化。这是关键的一步，因为它对被测对象能否产生可分辨的磁场信号有决定性的作用；与此同时，磁化也影响着检测信号的性能。因此，根据被测构件的特点和检测的目的来选择磁化方式[8]和磁化强度是非常重要的。

1. 磁化方式

磁化方式按所用励磁源分为交流励磁、直流励磁、永久励磁、复合磁化和综合磁化[9]。

（1）交流磁化[10]。在被测构件中，交流磁场易产生集肤效应和涡流，且磁化的深度随电流频率的增大而减小。因此，在 MFL（漏磁检测）法中，这种磁化方法只能检测构件表面或近表层裂纹等缺陷，但交流磁化强度容易控制，大功率 50Hz 交流电源易于获得，磁化器结构简单，成本低廉。

（2）直流磁化。直流磁化分为直流脉动电流磁化法和直流恒定电流磁化法。前者在电气实现上比后者简单，一般用于剩余磁场检测中构件的磁化；在有源磁场检测中，这一磁化会在检测信号中产生很强的交流磁场信号，增加检测信号处理的复杂性，降低检测信号的信噪比。直流恒定电流磁化法对电源具有较高的要求，激励电流一般为几安甚至上百安培。与交流磁化方式一样，直流磁化法磁化强度可通过控制电流的大小方便地调节，但随着连续使用时间的加长，电磁铁的发热难以避免。

（3）永久磁化。永久磁化以永久磁铁作为励磁源，是一种不需电源的磁化方式，与直流恒定电流磁化方式具有相同的特性。由于永久磁铁的磁化方式具有磁能积高、体积小、质量轻及无需电源、磁化后被测构件的矫顽力大、检测方便灵活等特点，所以在漏磁检测中常采用永磁磁化方式。选择性能良好的永久磁铁与软磁材料磁轭是励磁回路优化设计的前提。永磁材料的选择需考虑剩磁 B_r、矫顽力 H_C 及磁能积 BH_{max}。

（4）复合磁化[11]。在上述几种磁化方式中，一个独立的磁化回路只能沿某一方向磁化铁磁构件，即单向磁化。单向磁化在检测中存在不足，例如：MFL 法测量铁磁构件中的裂纹，磁化方向垂直于裂纹走向时，其产生的漏磁场信号最大；而当它平行于裂纹走向时，漏磁场很小，甚至微弱到难以检测。为能对不同走向的裂纹等缺陷的检测获得最大且相同的灵敏度，可让磁化方向周期性变化，这就必须采用复合磁化方法。复合磁化时，将直流磁场与直流磁场、直流磁场与交流磁场、交流磁场与交流磁场成一定角度（如相互垂直）合成磁场，从而形成所需方向或不断变化的可控的磁化方向来磁化构件。显然，这类磁化器的结构复杂，且对控制电路要求较高。

（5）综合磁化。在某些测量中，直流磁场难以激发出检测信号，而只用交流磁化又会受到磁导率急剧变化的影响，因而需要用到直流和交流磁场综合磁化方式，即：先用直流励磁器将被测构件磁化到近饱和区域，此时材料的磁导率变化成缓慢下降的直线，再在直流磁场上叠加一交变磁化场激发，从而获得线性度较好的输出信号。通常称此时的直流磁场为偏磁场，它的主要作用是减小磁导率变化和材料局部不均匀的影响，这种磁化方式在钢铁型材料的在线检测中得到广泛应用。

2. 磁化强度

磁化强度[12]的选择有很多要考虑的因素。它的选择前提是故障或结构特征产生的磁场能否被检测到，这就要求要有足够强的磁场进行励磁，从而产生感应线圈等磁敏元件可以测量的磁场。检测装置的经济性和信号的信噪比也是要考虑的问题。磁化强度的选择总的原则是综合考虑，择优选择。

磁化应针对铁磁性材料的特性进行应用。图 2-3 为某一优质钢材的磁化特性曲线和磁导率随磁场强度变化的曲线，其中：Pm 为材料的最大磁导率点；M 点在磁化曲线上对应于 Pm 点；$H_{\mu m}$ 为磁导率取最大值时的磁场强度。

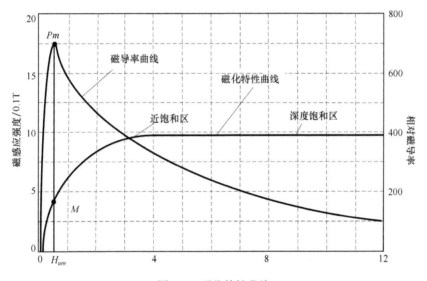

图 2-3　磁化特性曲线

一般来讲，相对磁导率随材料被磁化的强度呈非线性变化，且远大于空气磁导率 μ_0。该钢材是连续体，且表面光滑（裂纹尺寸远大于表面粗糙度），从有利于缺陷信号检测的角度来看，材料中的磁场强度应大于 $H_{\mu m}$，此时材料的磁导率处于 Pm 点右侧。施加激励磁场后，在缺陷附近的局部区域中，通过该区域横截面（垂直于磁化场方向）上的磁通量几乎不变，因裂纹中的空气隙的磁导远小于材料磁导，一部分磁场将会绕过裂纹从其附近的材料中通过，致使材料中的磁场强度升高、磁导率下降，从而通过裂纹口空气隙外泄的漏磁通量相对增大。反之，当材料中的磁场强度小于 $H_{\mu m}$ 时，材料的磁导率处于 Pm 点左侧，随裂纹附近的材料中的磁场的增强，磁导率将增大，裂纹口附近空气隙外泄的漏磁通量相对减小。

当材料的磁场强度大于 $H_{\mu m}$ 后，裂纹等缺陷产生的漏磁场强度和磁通量将随着激励磁场强度的增大而增加；当磁化至近饱和区以后，磁感应强度的增加缓慢。因此，在磁场检测中，为了获得最佳磁化效果，磁化的强度应选择在 Pm 右侧饱和深度处，在激励磁场退去后材料中的剩磁强度相对比较大。

2.2.2 缺陷漏磁信号的产生

用励磁源对被测构件进行局部磁化。若被测构件表面光滑，内部没有缺陷，磁通将全部通过被测构件；若材料表面或近表面存在缺陷时，会导致缺陷处及其附近区域磁导率降低，磁阻增加，从而使缺陷附近的磁场发生畸变，此时磁通的形式分为三部分，如图 2-4 所示。

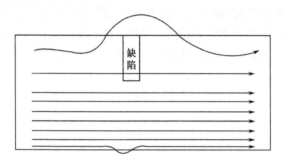

图 2-4 缺陷漏磁场

（1）大部分磁通在构件内部绕过缺陷；

（2）少部分磁通穿过缺陷；

（3）还有部分磁通离开构件的上、下表面经空气绕过缺陷。

第（3）部分即为漏磁通，可通过传感器检测到。对检测到的漏磁信号进行去噪、分析和显示，就可以建立漏磁场和缺陷的量化关系，达到无损检测和评价的目的。

影响材料缺陷附近的漏磁强弱分布的主要因素可分为：缺陷的尺寸形状[13]，磁场强度，受力状态。漏磁检测的效果除了和以上三个因素有关，还与检测元件的布置方式和性能参数有关[14]。

1. 缺陷的几何尺寸参数

材料尺寸主要是指厚度，缺陷几何尺寸是指沿磁化方向的缺陷宽度和深度。对于非矩形槽，缺陷参数还应包括缺陷锐度。锐度以边锐角和底锐角的大小来表示。边锐角多是指缺陷的斜边与材料表面形成的锐角，底锐角是指缺陷的斜边与缺陷底边所形成的锐角。

漏磁通与缺陷尺寸之间有一定的对应关系。缺陷的宽度近似等于漏磁通垂直分量的峰值之间的距离或水平分量达到最大值一半时的宽度。缺陷宽度在一定范围内与漏磁通峰值幅度成反比，即：缺陷宽度越大，峰值幅度越小。在材料厚度一定时，漏磁信号的强度对应缺陷的深度，即正比于漏磁通垂直分量的峰值或水平分量的最大值。缺陷与材料的深厚比越大，漏磁信号越强；深厚比越小，漏磁信号越弱。当材料厚度大到一定程度时，内部缺陷引起的磁通改变将无法测出。此外，缺陷的边锐角对漏磁信号水平分量边缘的磁信号有较大影响，而底锐角对漏磁信号影响较小。较长的、渐变的、平滑的材料厚度变化对漏磁垂直分量的强度影响较弱。在一般的漏磁通检测中，不考虑垂直于磁化方向的缺陷长度。

2. 磁场强度

众多的研究表明，材料的磁化水平是提供可靠精确检测结果的关键因素。被测构件的磁化水平达到深度饱和，至少是近饱和水平，这是取得良好检测效果的前提条件。试验证明，低分辨率的检测设备在强磁化水平下要比高分辨率的检测设备在弱磁化水平下的检测效果更好。

3. 受力状态

介质受力后，磁导率在受力方向上发生变化，从而影响漏磁分布。这种现象称为磁弹性效应。

4. 被测构件的移动速度

被测构件的移动速度是影响电磁检测的因素之一。过快的速度会使材料内部产生感生电流，从而产生"对抗磁场"对检测磁路产生干扰。如果磁化强度较高，就会使仪器扫描速度对检测结果的影响减弱。

5. 检测元件的性能与位置

常用的检测元件有线圈、霍耳元件、磁通门等。检测元件使用方式虽不影响漏磁分布，但却影响漏磁检测效果。除了检测元件本身的性能参数外，影响检测效果的最大因素是检测元件与被测元件表面之间的距离，即检测元件的提离值[15]。

2.2.3 漏磁信号的获取

要实现钢丝绳的无损漏磁检测，就必须实现从损伤故障的物理特征—漏磁信号—电信号的转换，这是模拟—数字信号（A/D）转换以及后期的信号处理的基础。目前能够实现由漏磁信号到电信号转换的技术主要有感应线圈检测法和霍耳元件检测法[16,17]两种。

（1）感应线圈检测法。感应线圈检测法通过检测沿径向围绕在钢丝绳上的线圈切割磁感线产生的电压的变化来对钢丝绳进行无损检测。值得注意的是，感应线圈检测法中传感器的输出信号与检测速度有关，即：当检测速度不均匀时，会导致检测信号的失真；当检测速度极低时，会出现无输出的状态。因为感应线圈检测法在漏磁检测中的精度、稳定性均比较低，目前已逐渐被淘汰。

（2）霍耳元件检测法。霍耳元件用于钢丝绳漏磁检测的原理是美国科学家E.H.Hall于20世纪80年代在研究载流导体在磁场中的受力性质时发现的经典霍耳效应，即安置于钢丝绳表面的霍尔元器件可直接感应漏磁场的强度，并通过霍耳效应输出相对应大小的电压信号，从而实现磁力信号—电压信号的转换。霍耳元件检测法最大的优点是不受检测速度因素的影响，体积小，且为非接触测量。随着制造技术水平的发展，霍耳元件相对于其他的磁敏元件亦具有灵敏度高、频率响应宽、动态范围大、成本低廉等诸多优点。因此，霍耳元件已广泛地使用在漏磁检测中。

2.2.4　信号分析处理

构件移动时的振动、工频噪声、空间电磁噪声、电路噪声等都不可避免地干扰检测结果。漏磁检测仪一般都要求采取信号处理手段去除这些噪声的干扰，以获取漏磁信号的真实原始信息。通常使用的方法有差动放大、数字滤波、谱分析和小波分析等。

2.2.5　漏磁检测的优缺点

1. 漏磁检测的优点

（1）易于实现自动化检测。由传感器获取信号，然后由软件判断有无缺陷，因此非常适合于组成自动检测系统。在实际工业生产中，漏磁检测大量应用于钢坯、钢棒、钢管的自动化检测。

（2）具有较高的检测可靠性。漏磁检测一般采用计算机自动进行缺陷的判断和报警，减少了人为因素的影响。

（3）可实现缺陷的初步量化分析。缺陷的漏磁信号与缺陷形状尺寸具有一定的对应关系，从而可实现对缺陷的初步量化。这个量化不仅可实现缺陷的有无判断，还可对缺陷的危害程度进行初步评价。

（4）高效能、无污染。漏磁检测采用传感器获取信号，检测速度快且无任何污染。

2. 漏磁检测的缺点

（1）只适用于铁磁材料。只有铁磁材料被磁化后，表面和近表面缺陷才能在构件表面产生漏磁通。因而，漏磁检测和磁粉检测一样，只适合于铁磁材料的表面检测。例如，黑色金属主要是除奥氏体不锈钢之外的钢材。

（2）检测灵敏度低。由于检测传感器不可像磁粉一样紧贴被测表面，不可避免地和被测面有一定的提离值，从而降低了检测的灵敏度。一般情况下，漏磁检测只能检测到表面裂纹。对形状复杂的构件，需要有与其形状匹配的检测元件。

（3）缺陷的量化粗略。缺陷的形态是复杂的，而漏磁通检测得到的信号相对简单。在实际检测中，缺陷的形状特征和检测信号的特征不存在一一对应关系，漏磁检测只能给缺陷初步量化。

2.3 矿用输送带漏磁检测原理

不同物质的导磁能力及导磁率是不同的，矿用输送带的钢绳芯是一种磁导率高的铁磁材料。漏磁检测是一种通过被测构件表面磁场变化从而发现缺陷的方法[18]。励磁装置对钢丝绳进行轴向局部励磁到饱和状态。当钢丝绳没有缺陷时，即检测构件连续时，磁力线被约束在材料中，且磁通平行于构件表面，绝大部分磁通将从钢丝绳内部通过，而极少的磁力线会扩散到空气中，钢丝绳内部磁通量保持不变；当钢丝绳局部存在缺陷时，缺陷处的磁导率明显降低，此处的磁阻会增大，在磁导率不相等的两个介质上，磁力线必然发生改变，磁力线传播就会发生角度偏转。由于钢丝绳被励磁到饱和，缺陷处的磁力线就会从构件表面穿出，有些磁通会直接通过缺陷处，部分磁通泄露到材料表面上空，通过空气绕过缺陷重新进入材料内部，形成了漏磁场。如图 2-5 所示为漏磁检测原理示意图。

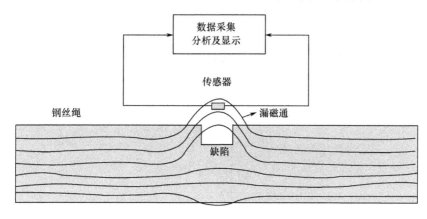

图 2-5 漏磁检测示意图

根据漏磁通的变化，可以分析出缺陷的位置和几何参数，实现对缺陷的定位及定量检测。

2.3.1 等效磁偶极子模型

由于缺陷的多样性，即形状、大小等因素的差异，使漏磁场的分布各不相同。国内外众多学者提出了许多方法来描述和分析漏磁场的分布，其中应用最广且简单直观的是磁偶极子模型[19]。Zatsepin 和 Shcherbinin 最早提出用磁偶极子模型的方法来分析表面缺陷漏磁信号的二维分布。Shcherbinin 和 Pashagin 根据基本的磁偶极子模型，分析推导了漏磁信号的三维分布。磁偶极子模型以空间双磁荷的磁场分布规律为基础，如图 2-6 所示，采用静磁学的方法来计算在空间任意位置的磁场强度，式（2-7）为基本公式。

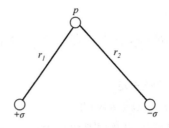

图 2-6   磁偶极子模型

磁偶极子模型在分析及使用时主要包含以下三种形式：①等效点偶极子模型，多用于模拟构件表面的孔洞及点状缺陷，如图 2-7 所示，假设缺陷两端分别具有一个点磁荷，根据磁荷量、磁偶间距、缺陷宽度及深度，可以计算出此平面上任意一点的磁场强度，从而分析漏磁场分布；②等效线偶极子模型，用于分析材料表面的线状缺陷，如刻痕；③等效带偶极子模型，可以等效为一定宽度及深度无限长的三维矩形槽模型，是最为贴近实际的模型，且应用较广。

$$B = B_1 + B_2 = \frac{-\sigma}{4\pi u_0 r_1^3} r_1 + \frac{\sigma}{4\pi u_0 r_2^3} r_2 \qquad (2-7)$$

式中：r_1，r_2 分别为磁荷为 $-\sigma$ 及 $+\sigma$ 的磁偶极子到 P 点的距离；μ_0 为构件的相对磁导率。

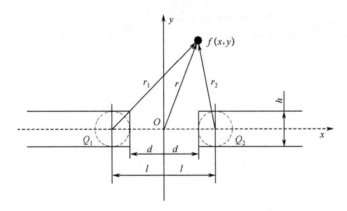

图 2-7   等效点偶极子模型

如图 2-8 所示为建立的等效带偶极子模型，假设缺陷为窄带无限长，且对材料励磁到饱和状态。Minkov 等学者提出磁荷在矩形槽的两个侧面一般分布不均匀，但在椭圆体槽的两侧磁荷均匀分布，由于假设缺陷为窄带且无限长，并励磁饱和，矩形槽缺陷能近似以椭圆体槽进行分析，即缺陷两个侧面均匀分布磁荷。

图 2-8 中，μ_0 表示真空中的磁导率，B 表示因磁荷产生的场强，ρ_{ms} 表示磁荷面密度，η 表示磁荷面宽度，r 表示磁荷到空间点的距离长度，w 表示矩形槽的宽度，d 表示矩形槽的深度（单位为 mm）。设 $w=2a$。

如图 2-8 所示，左侧矩形槽壁上宽度为 dη 的面元磁荷在 P 点处的磁感应强度为

$$dB_1 = \frac{\rho_{ms}d\eta}{2\pi u_0 r_2^2} r_1 \qquad (2-8)$$

$$dB_2 = \frac{\rho_{ms}d\eta}{2\pi \mu_0 r_2^2} r_2 \qquad (2-9)$$

磁感应强度 B_1 和 B_2 在 x 轴方向、y 轴方向的分量分别为

$$dB_{1x} = \frac{\rho_{ms}(a+x)d\eta}{2\pi\mu_0[(x+a)^2+(y+\eta)^2]} \qquad (2-10)$$

$$dB_{2x} = \frac{\rho_{ms}(d+x)d\eta}{2\pi\mu_0[(x+a)^2-(y+\eta)^2]} \qquad (2-11)$$

$$dB_{1y} = \frac{\rho_{ms}(y+\eta)d\eta}{2\pi\mu_0[(x+a)^2+(y+\eta)^2]} \qquad (2-12)$$

$$dB_{2y} = \frac{\rho_{ms}(y+\eta)d\eta}{2\pi\mu_0[(x+a)^2-(y-\eta)^2]} \qquad (2-13)$$

其中：x=-2a，$\rho_{m1} = \rho_{ms}$（$y+\eta$）；x=2a，$\rho_{m2} = \rho_{ms}$（$y+\eta$）

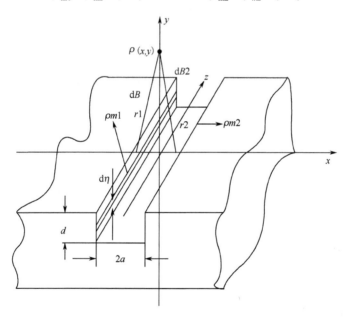

图 2-8　等效带偶极子模型

磁场在 x 轴方向的磁感应强度总量 B_x 为

$$B_x = \int_0^d dB_{1x} + \int_0^d dB_{2x}$$

$$= \frac{\rho_{ms}}{2\pi\mu_0}[\arctan\frac{d(x+a)}{(x+a)^2+y(y+d)} - \arctan\frac{d(x-a)}{(x-a)^2+y(y+d)}] \qquad (2-14)$$

同理，y 轴方向的磁感应强度总量 B_y 为

$$B_y = \int_0^d dB_{1y} + \int_0^d dB_{2y} = \frac{\rho_{ms}}{2\pi\mu_0} \ln \frac{[(x+a)^2+(y+d)^2][(x-a)^2+y^2]}{[(x+a)^2+y^2][(x-a)^2+(y+d)^2]} \qquad (2-15)$$

磁场的磁感应强度总量 $B_合$ 为

$$B_合 = \sqrt{B_x^2 + B_y^2} \qquad (2-16)$$

通过式（2-16）可实现对空间任意点的磁感应强度计算，即可以分析缺陷漏磁场的分布。本节主要是通过对漏磁场的垂直分量检测实现对钢丝绳的缺陷检测。

2.3.2 电磁场的有限元分析原理

除了磁偶极子模型外，基于变分原理的有限元法[20,21]也可以对磁场进行定量分析。

根据实际的物理模型可以建立包含问题状态变量边界条件的微分方程型数学模型。由于上述的方程组求解复杂，有限元求解可以很好地简化求解复杂度，所以往往将微分方程化为等价的泛函形式，利用有限元网络划分方法，进行部分插值、离散处理，使泛函求极值问题变为普通多元函数的极值求解问题。

作为一切宏观电磁学问题的理论基础的麦克斯韦方程组，由此可以得出电磁场有限元分析方法，其微分形式为

$$\nabla \times E + \frac{\partial B}{\partial t} = 0 \quad （法拉第电磁定律公式） \qquad (2-17)$$

$$\nabla \times H - \frac{\partial D}{\partial t} = J \quad （麦克斯韦—安培定律公式） \qquad (2-18)$$

$$V \cdot D = \rho \quad （高斯定律公式） \qquad (2-19)$$

$$V \cdot B = 0 \quad （磁场高斯定律公式） \qquad (2-20)$$

式中：H 为磁场强度（单位 A/m）；J 为电流密度（单位 A/m^2）；D 为电通量密度（单位 C/m^2）；B 为磁通量密度（单位 Wb/m^2）；E 为电场强度（单位 V/m）；ρ 为电荷密度（单位 C/m^3）。

基本方程的另一个表达式为

$$\nabla \times J = -\frac{\partial p}{\partial t} \quad （电荷守恒的连续性方程公式） \qquad (2-21)$$

式（2-17），式（2-18），式（2-19）或式（2-17），式（2-18），时（2-21）称为独立方程，其他则称为辅助方程，可由独立方程推导而来。

在电磁场的有限元分析中，根据基本定理，可得到各向同性介质本构方程为

$$D = \varepsilon E \qquad (2-22)$$

$$J = \sigma E \qquad (2-23)$$

$$B = \mu H \qquad (2-24)$$

式中：ε 为介电常数；σ 为电导率；μ 为磁导率。在线性均匀、相同且各向同性的

介质中，ε，σ，μ 都是恒定不变的常数。

若分析静态磁场，即静态磁场的场量不随时间变化时，可以得到下面两个公式，即

$$\nabla \times H = J \tag{2-25}$$
$$\nabla \times J = 0 \tag{2-26}$$

其中，式（2-25）和式（2-20）描述的都是静态磁场的问题，而式（2-26）是式（2-25）的一个推导结果。

麦克斯韦方程组虽然可以较为准确地描述各个场的矢量关系，但如果直接用麦克斯韦方程组来求解电磁场的问题，数学计算会相当复杂。而且，在电磁场的分析问题中，边界条件是复杂多变的，也使电磁场的有限元分析难度增大。在有限元法的具体求解中，利用差分法离散处理的有限元网络思想，把一个泛函求极值问题在整个求解空间划分为有限个小单元，将函数以基函数的形式展开，求解这些联立代数方程组，即可求得最后的解析值。根据这些求得的解析值分析漏磁信号的分布，从而推导缺陷的位置和几何参数，实现钢丝绳缺陷的定量检测。

2.4　矿用输送带漏磁检测探头的设计

漏磁探头是漏磁检测的核心部分，决定着漏磁检测装置的性能。一个好的漏磁探头，能大幅提高漏磁检测的精度，提高漏磁检测的灵敏度。

2.4.1　漏磁测量的基本要求

在漏磁检测中，被测磁场通常是空间三维矢量，单个磁敏元件或检测探头往往测量的是某一点、线或面上的磁场分量或均值。从实际应用的角度来看，磁敏元件和磁场测量原理的选择，应综合考虑下述几方面的要求。

1. 灵敏度

根据不同检测目的和检测方法选择最佳的敏感元件。一般而言，随着磁场测量灵敏度的提高，元件和测量装置的成本增高。为了获得最优的性能价格比，灵敏度的选择应根据被测磁场的强弱选用适当的元件，并满足信号传输的不失真或干扰影响最小的要求。

2. 信噪比

在磁场检测中，信噪比可定义为电信号中有用信号与无用信号幅度之比。在这里，幅度为一个广义量值，既即可以指信号幅度，也可以指测量信号中经信号处理后的相关特征的量值。一般而言，测量过程中的上述信噪比必须大于1，否则被测对象将无法识别。

3. 覆盖范围

磁场在空间上是广泛分布的，因而每一测量元件或单元均只能在有限的范围或区间上对磁信号敏感。随着测量元件或方法的不同，在与扫描方向垂直的平面上有效敏感区间也将不同。利用测量元件或单元有效检测被测对象，即在垂直于扫描方向上信噪比大于 1 时，被测对象相对于测量单元中心可以变动的最大空间范围，称为测量单元的覆盖范围。在检测中，如果要求一次测量较大的空间区域或防止检测时的漏检，则需要适当安置和选择多组测量单元。很明显，在某一方向上覆盖范围越大，在该方向上的空间分辨率将越差，因而，必须根据测量目的和要求，最优设计和选择测量单元。

4. 空间分辨率

磁场信号是一空间域信号，测量元件的敏感区域是局部的，一般由元件的尺寸和性能决定。为了能测量出空间域变化频率较高的磁场信号，必须要求测量元件或单元具有相应的空间分辨率。对应于空间域中的磁场信号，这一分辨率可在一维、二维或三维空间中来描述。空间分辨率是反映测量元件或单元敏感区大小的指标，具有方向性，沿不同方向的空间分辨率会有所不同。

5. 稳定性

测量单元应具备对检测环境和状态的适应性，测量信号特征应不受环境条件影响。因此，应对测量单元结构进行考虑，减小检测过程中随机因素的影响。

6. 可靠性

可靠性表现为多次检测时信号的重复性。由于测量信号大小与测量点以及被测磁场信号源之间位置远近关系密切，重复检测时上述位置关系会有所改变。测量方法选择不当时，会增大测量信号的差异。

7. 有效信息比

当采用多测量单元进行测量时，一次检测的信号量由多单元提供，同时检测中的有用信息量也将由它们均分。对于单个单元而言，其测量的有效信息比为有用信息与总信息之比。因此，为了提高每个单元的有效信息比，对同一测量对象则应减少测量单元，这就要在不降低信噪比的前提下，提高每个单元的覆盖范围或对多单元信号进行适当组合处理。

8. 性能价格比

选择检测元件和测量方法时，可根据测量目的和要求设计最优性能价格比的检测探头。

2.4.2　漏磁检测元件

漏磁检测可采用不同的磁测量原理或元件。通常先将磁场转换成电信号，再进行自动化处理。实际检测中，除了 2.2 节提到的感应线圈和霍耳元件，还有下述几种检测构件。

1. 磁敏电阻

磁敏电阻的灵敏度是霍耳元件裸件的 20 倍左右，一般为 0.1 V/T，工作温度在-40℃~150℃，具有较宽的温度使用范围。空间分辨率等与元件感应面积有关，但温度性很差，且有局部非线性。

2. 磁敏二极管和三极管

磁敏二极管是继磁敏电阻和霍耳元件之后发展起来的新型磁电转换器件。与后两者相比，磁敏二极管具有体积小和灵敏度高等特点，磁敏二极管加一正向电压后，其内阻随周围磁场大小和方向的变化而变化。通过磁敏二极管的电流越大，则在同样磁场下输出电压越大；而所加的电压一定时，在正向磁场的作用下电流减小，反向磁场时电流加大。磁敏二极管工作电压和灵敏度随温度升高而下降，通常需要补偿。磁敏三极管是对磁场敏感的半导体三极管，与磁敏二极管一样，是一种新型的磁敏传感器件。磁敏三极管可分 NPN 型和 PNP 型两大类。

除了上述介绍的几种方法，还有磁通门、磁共振法、磁光克尔效应、磁膜测磁法、磁致伸缩法、磁量子隧道效应法及超导效应法等。为了满足检测要求和达到较优的性能价格比，应该选择合适的磁敏感元件。例如，在剩余磁场检测中采用的元件的灵敏度一般需高于有源磁场检测；在主磁通检测法和磁阻检测法中敏感元件则应能准确测量磁场的绝对量，感应线圈是不合适的；在漏磁检测法中，随着被测裂纹等缺陷几何尺寸的减小，漏磁场强度急剧减小，采用的元件灵敏度也就要相应提高。从应用来看，霍耳元件，特别是集成霍耳元件，用于测量 10^{-5}~10^{-1} 范围内的磁感应强度是合适的，它可用于精确测量 0.1mm×0.1mm×0.1mm 微裂纹产生的漏磁场和 0.05% 的金属横截面变化产生的主磁通量变化大小等。

2.4.3 漏磁检测方法

在检测元件选定后，磁场的测量应根据被测对象特点和检测目的选择最佳测量方法，包括元件的布置、安装、相对运动关系及信号处理方式等。根据检测目的和要求，磁场信号测量可采用下述几种方法或其组合形式。

1. 单元件单点测量

单元件测量的是敏感面内的平均磁感应强度。当元件的敏感面积很小时，可认为测得的是点磁场。单元件一般用在主磁通法、磁阻法和磁导法中。例如，在管棒类铁磁性构件表面裂纹的漏磁检测中，通过绕制管状感应线圈并让这类细长构件从中穿过，则可探测到构件整个外表面缺陷产生的漏磁场，而单个半导体元件将很难实现这类构件整体漏磁场的测量。单件测量时后续的信号处理电路和设备相对较简单，花费成本较低，检测时有效信息较大。

2. 多元件阵列多点测量

当需要提高测量的空间分辨率、扩大覆盖范围和防止漏检时，可采用多元件阵列组合起来进行测量。在测量信号的处理上，当需要提高空间分辨率时，采用相互独立的通道处理每个元件输出，但增大了信息量输出，降低了有效信息比。为了得到灵敏度一致的输出，对每个元件和对应通道应进行严格的标定；当只需要增大检测覆盖范围时，可将多元件测量信号叠加，以单通道或小于元件数目的通道输出。通过电路上的组合，设计最佳分辨率、覆盖范围和灵敏度的检测探头结构。多元件测量时，电路设计要选择灵敏度、温度特性较一致的元件。均匀布置元件的数量，应使多元件覆盖范围总和大于被测区域。

3. 差动测量技术

为了排除测量过程中振动、晃动以及被测构件中非被测特征的影响，提高测量的稳定性、信噪比和抗干扰能力，检测中应适当布置一对冗余测量单元，并将两单元测量信号进行差分处理，形成差动测量。当在平行于待测磁场方向的测量面上布置对该方向敏感的测量元件并差动输出时，形成差分测量，可消除测量间隙等变动带来的影响；当在测量的磁场方向上间隔布置对该方向敏感的两测量元件并差动输出时，对磁场的梯度进行测量，形成梯度测量，可在较强的背景磁场下测量微弱的磁场变化。

4. 聚磁检测技术

聚磁检测采用磁导率高的材料，将被测量磁场主动引导至测量元件中。由高导磁材料做成的聚磁器在这里起着收集、引导及均化测量磁场的作用。根据被测构件表面形状和测量要求设计聚磁器的形状尺寸，最大限度地收集有用磁场，并可通过设计磁场通路将磁场较好地集中并引导至测量元件中。对空间上高频变化的磁场而言，聚磁器相当于一个空间上的低通滤波器，因而这一测量技术的空间分辨率将差一些。

5. 磁屏蔽技术

磁场测量最易受到外界磁场的干扰，采用磁屏蔽技术后可减弱杂散磁场的影响。测量中，通常采用高导磁材料做成箱体，使箱体内的测量单元免受体外磁场的影响，一般可将外界磁场干扰减小至 1/8~1/5，好的屏蔽体效果更好。磁屏蔽是保证测量稳定可靠的必不可少的措施，对弱磁场测量尤为重要。

2.4.4 漏磁检测探头设计

1. 磁敏元件的选择

漏磁检测的原理是通过磁化设备将被测矿用输送带内的钢绳芯磁化，钢绳芯作为导磁体在断口处与空气介质形成磁回路，将钢丝绳磁化到接近磁饱和状态，再检测钢丝绳的漏磁通。由于实际现场，运输机架设间距较远，输送带在运行过程中，必然会上下波动，如果用滚轮压住，又会增加输送带运行阻力，同时增加许多设备。为了尽量减少输送带上下波动，又不增加额外的设备，采取增大漏磁检测的提离值，就可以减小因输送带抖动造成的信号波动。因此，磁敏元件的选择是漏磁测量精确与否的关键。基于前面介绍的磁信号检测元件特性分析，在此选用霍耳元件作为漏磁信号检测头的敏感元件。

霍耳元件是根据霍尔效应制成的，将一通电导体或半导体薄片置于磁场中，则产生一个和电流及磁场方向垂直的电场，即产生一电动势，这种现象称为霍耳效应。霍耳电动势可以表示为

$$V_h = \frac{IB}{neb} \tag{2-27}$$

式中：V_h 为霍耳电动势；I 为施加电流；b 为霍耳元件厚度；n,e 为与霍耳元件本身材料有关的常数。

令 $K_h = neb$ 为霍耳元件灵敏度，由式（2-27），磁感应强度 B 为

$$B = \frac{V_h K_h}{I} \tag{2-28}$$

当施加恒定电流且霍耳元件已经确定时，由式（2-28）可知，磁感应强度 B 和霍尔电动势呈线性关系。由以上介绍可以看出，霍尔元件具有良好的线性度。同时，它也具有温度特性好和高灵敏度的特点，在研究中采用砷化钾霍尔元件作为磁敏元件。

2．电路设计

漏磁检测传感器电路由霍尔元件、恒流源差动放大和稳压电路组成，其中恒流源为霍尔元件提供控制电流，差动电路用于将霍尔电动势放大，系统电源部分采用将 220V 的交流经降压整流稳压成 18V 的直流，再用 78LO9 和 79L09 稳成±9V 的电压，供探头内元件使用。漏磁传感器的电路图如图 2-9 所示。

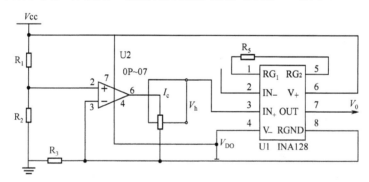

图 2-9　漏磁传感器电路图

设计采用美国史普拉格电子有限公司生产的线性单端输入集成霍尔元件 UGN-3501T 作为磁敏检测元件。该元件将线性集成电路技术与霍尔效应相结合，并将它们制作在一块芯片上，其典型线性灵敏度通常>7V/T（裸件霍尔元件的灵敏度最高只能达 200mV/T），感应面积为 0.254mm×0.254mm。该元件不仅可简化后续处理电路，而且可增强检测信号的可靠性和稳定性，并提高检测的信噪比。该元件的另一显著特点是其输出电势与检测元件相对于磁场的运动速度无关。为提高测量精度，消除温度对系统测量带来的误差，装置中可以加入温度检测电路，

随时测量温度值并记录存储，作为对霍尔温度误差的补偿。输出信号 V_0 经数字电路，设定两个阈值 V_{T+} 和 V_{T-}，使其触发反转具有施密特触发器的电压回差特性，即处理成数字信号，送入信号采集卡。

2.5　本章小结

本章主要讲述一种成熟的矿用输送带故障检测方法——漏磁检测。提出一种适用于矿用输送带钢绳芯缺陷检测的漏磁探头设计方案。虽然漏磁检测可以检测出矿用输送带钢绳芯的损伤情况，但是仍存在很大的缺陷：只能检测到已存在的缺陷，需要对钢绳芯进行励磁。

参 考 文 献

[1]　冯本珍. 铁磁材料磁滞回线的研究[J]. 中国科技信息, 2006, 22.

[2]　李立毅, 严柏平, 张成明, 等. Tb0.3Dy0.7Fe2 合金磁畴偏转的研究[J]. 物理学报, 2012, 16: 452-458.

[3]　戎昭金, 张霁, 刘金寿, 等. 示波器法测磁滞回线试验的研究[J]. 大连大学学报, 2004, 4（25）.

[4]　Li L. Modified law of approach for the magneto-mechanical model: application of therayleigh law to stress[J]. IEEE Transactions on magnetics, 2003, 39（50）: 3037-3039.

[5]　D C Jiles. A new approach to modeling the magnetomechanical effect[J]. Journal of Applied Physics, 2004, 95（11）: 7058-7060.

[6]　柳思光. 钢丝绳断丝损伤漏磁检测及检测信号处理[D]. 青岛工业大学，2010: 12.

[7]　Yong Li, Gui Yun, TianSteve Ward. Numerical simulation on magnetic flux leakage evaluation at high speed[J]. NDT & E International, 2006,7（39）: 367-373.

[8]　周封刘, 利剑, 孙志刚. 油管及螺纹无损漏磁检测的磁化方式[J]. 磁性材料及器件, 2010,06.

[9]　王朝华, 邓瑞. 漏磁检测中的磁化技术[J]. 甘肃科技,2007,2（23）.

[10]　李路明, 黄松岭, 施克仁. 漏磁检测的交直流磁化问题[J]. 清华大学学报（自然科学版）,2012, 2（42）:154-156.

[11]　戴光, 赵天, 王学增, 等. 复合励磁漏磁检测的 ANSYS 仿真分析[J]. 无损检测, 2014,3.

[12]　王倩, 钢丝绳故障检测与试验分析[D]. 北京工业大学,2013.

[13]　高廷岩, 于永亮, 韩天宇,等. 有限元方法在管道外漏磁检测中的应用[J]. 无损检测, 2013, 11.

[14]　石栋华. 强力钢绳芯胶带漏磁检测和图像采集试验系统的研究[D]. 太原理工大学, 2005, 4.

[15]　崔伟, 黄松岭, 赵伟. 传感器提离值对管道漏磁检测的影响[J]. 清华大学学报（自然科学版）, 2007,1.

[16]　高寒. 矿井提升钢丝绳霍尔元件检测法[J]. 机械制造与自动化, 2012,1.

[17]　刘晓, 叶云岳, 郑灼, 等. 一种低成本的线性霍尔位置检测方法研究[J].浙江大学学报（工学版）, 2008,7.

[18]　张恩超. 基于钢丝绳漏磁检测定量算法的研究[D]. 哈尔滨工业大学, 2013,6.

[19]　乐韵, 房建成, 汤继强, 等. 磁悬浮反作用飞轮剩磁矩分析与补偿方法研究[J]. 航空学报,2011,5.

[20]　郎文昌, 肖金泉, 宫骏, 等. 轴对称磁场对电弧离子镀弧斑运动的影响[J]. 金属学报,2010,3.

[21]　金明剑, 杜晓纪, 李晓航. 高温超导体电磁响应特性的有限元分析[J]. 稀有金属材料与工程,2008,S4.

[22]　乔铁柱, 张一兵. 钢绳芯胶带接头抽动监测装置的研究[J]. 太原理工大学学报, 2005, 01: 10-12.

第三章 金属磁记忆检测原理及技术

针对漏磁检测需要对钢绳芯励磁的缺点，本章讲述一种新的基于金属磁记忆的检测方法。金属磁记忆检测不仅不需要对钢绳芯进行励磁，且可以对钢绳芯的损伤进行早期诊断和预测。

本章首先介绍金属磁记忆检测的基础理论以及集中常见的金属磁记忆检测判据；然后利用磁记忆检测仪，在试验室环境下对矿用输送带钢绳芯缺陷进行检测试验，验证金属磁记忆法在钢绳芯缺陷检测方面的可行性，突显出磁记忆信号处理所需注意的问题；结合试验结果，阐述磁记忆信号的处理方法，并设计一种适用于矿用输送带的金属磁记忆检测装置，在试验室环境下对该检测装置进行试运行。

3.1 金属磁记忆检测概述

金属磁记忆检测技术是由俄罗斯以杜波夫教授为首的学者于 20 世纪 90 年代提出，并于 90 年代后期发展起来的一种针对铁磁性构件应力集中区的疲劳损伤无损检测技术[1]。金属磁记忆检测技术是目前公认的、唯一可行的铁磁性金属构件早期诊断和预测的无损检测技术。

金属构件在长期的高速、高温、高载情况下，在其内部的各种机械应力的作用下，会形成多种微观内部缺陷，导致金属构件的疲劳失效，并逐渐演变成为宏观的损伤缺陷。前文所述的各种检测方法均是针对已经形成的宏观缺陷进行检测，不能对微观缺陷做出有效的早期检测。金属磁记忆检测技术的提出，有效地弥补了传统无损检测方法在早期诊断方面的不足。

金属构件在产生微观缺陷后，应力集中区会在大地磁场和工作载荷的共同的影响下，在构件内部出现具有记忆性质的磁畴结构，形成类似于漏磁场的微弱磁场信号。该磁场信号在工作载荷移除时会出现带有"记忆"性质的保留，形成金属磁记忆。金属磁记忆检测能够可靠检测出以应力集中为特征的铁磁性构件的危险部位，在许多领域均有广阔的发展前景[2]。

金属磁记忆检测实际上是提取金属构件的表面在大地磁场和工作载荷共同作用条件下所形成的漏磁场信息。由于该磁场所具有的记忆性质，铁磁性构件内部的应力集中情况可以由该漏磁场的分布直观表示出来。通常情况下，在宏观缺陷产生之前，构件内便会有明显的应力集中现象，所以金属磁记忆检测技术的最大优点是能够进行早期诊断，对宏观缺陷的产生具有一定的预测作用，能够在被测构件出现重大缺陷前采取措施，从而在一定程度上避免事故的发生，或将事故损失降至较低的程度。与漏磁检测技术相比，金属磁记忆检测与之具有一定的相似之处，但金属磁记忆检测的磁场是在大地磁场与应力载荷共同作用下铁磁构件本身的天然磁化信息，故磁记忆检测的适用范围更加广泛，进行现场检测时更加简单方便，所检测的信息也更加丰富全面。与其他传统无损检测技术相比，金属磁记忆无损检测技术具有如下的特点[3]：

（1）金属磁记忆检测技术是目前唯一的、行之有效的对金属构件进行早期诊断的检测方法。它不仅能对金属构件已经形成的宏观损伤缺陷进行有效诊断，对正在形成和发展中的微观缺陷也具有很好检测能力。配合其他无损检测技术，不仅能使检测精度得到进一步提高，而且对被测构件的疲劳分析、寿命预测等均有很大帮助。

（2）金属磁记忆是利用大地磁场与应力载荷共同作用下铁磁性构件本身的天然磁化信息进行检测，无须额外的磁化装置。但由此带来的问题是磁场信号会比较弱，因此检测磁场装置需要有较高灵敏度和抗干扰能力。

（3）金属磁记忆检测不需要提前对被测构件表面进行特殊的处理，可以有效简化检测流程，提高检测效率。

（4）金属磁记忆检测受提离效应影响较小。传感器探头在被测构件表面检测出现轻微震动时，所采集的信号不会有大幅度的变化。但提离高度也不宜过高或过低，过高会使磁记忆信号失真，过低会使检测探头受到被测构件不规则表面或异物的影响，造成检测传感探头的抖动与磨损。

（5）金属磁记忆检测会受到检测方向和被测构件放置情况的影响。经过对不同方向和不同构件放置情况的检测研究，磁记忆磁场信号区别很小，在实际工程应用中没有必要限制检测的方向或检测构件的放置方向，对应力集中区的判断不产生影响。

（6）金属磁记忆检测仪器通常为便携式仪器，现场操作简单，可靠性高。也可以制成静态检测阵列，通过固定安装在输送带运输系统中的某个位置，实现对运动矿用输送带的动态监测。

3.2　金属磁记忆检测技术原理

众所周知，任何物质都具有磁性。根据磁性的不同，物质又可以分为抗磁性物质、顺磁性物质、铁磁性物质。而金属磁记忆是基于铁磁性物质的早期损伤检测技术。因此，本节介绍了铁磁性材料的自发磁化、磁晶体各异向性、磁畴结构和磁机械效应等特性以及地磁场的作用，分析了金属磁记忆检测技术的原理，为后面的工作提供理论基础。

3.2.1 铁磁性材料的特性

1. 自发磁化

自发磁化是指铁磁性材料的自旋磁矩在无外加磁场的条件下自发地产生取向一致的行为。

从微观角度来看，物质磁性的来源是物质本身原子的磁矩。原子由原子核和电子组成，其中每个电子都会围绕原子核转动，并同时进行其自身的自旋运动。这两种运动都会形成一个个的闭合电流，从而就产生了一个个的磁矩，因此便产生了磁效应[4]。然而，原子核的磁矩要远小于电子自旋的磁矩，在通常情况下我们将前者忽略，认为电子的自旋磁矩就相当于原子的磁矩。

当不同物质中的原子磁矩具有不同大小或方向时，物质就会表现出不同的磁性。原子磁矩不同的原因是原子中最外层的电子不完全受该原子的控制，而为其他原子所共有，同时原子相互结合后，原子间距离不同，配位数也不同。以金属 Fe 元素和稀土元素对比可知，它们具有同样的结构形式，都有很强的原子磁矩，然而前者为铁磁性材料而后者却不是。这说明拥有原子磁矩只是铁磁性的必要条件，而铁磁性材料还进一步要求这些原子磁矩自发地排列在统一的方向上，产生自发磁化。

原子磁矩排列方式不同的原因主要取决于不同原子之间直接的或者间接的交换作用。当原子相互接近时，相邻原子之间就会相互交换最外层的电子，而这种交换作用在交换过程中产生一定的交换能[5]。这一交换作用产生的交换能会受到相邻原子中电子自旋运动的相对取向的直接影响。设 S_p 和 S_q 分别为原子 p 和 q 的总自旋角动量，根据量子力学原理可知，p 和 q 之间的交换能 E_{pq} 为

$$E_{pq} = -2A_{pq}S_pS_q \tag{3-1}$$

式中：A_{pq} 为原子 p，q 的电子之间的交换的积分。

由式（3-1）可知，当电子自旋方向统一且平行排列时，E_{pq} 达到负最大值；反之，电子自旋方向相反且平行排列时，E_{pq} 达到正最大值。由此可知，电子交换作用使得其自旋平行排列方向相反的交换能量比自旋平行排列方向相同的高，铁磁性物质中没有被抵消的电子所产生的自旋磁矩就会自发地转动而使排列方向相同，从而产生自发磁化。因此，若物质的交换能为正则属于铁磁性物质，该条件是判断物质属于铁磁性物质的充分条件。

2. 磁晶体的各向异性

铁磁晶单体的磁化曲线随晶体方向不同而有所差别，即磁性随晶轴方向显示各向异性，这种现象普遍存在于铁磁晶体中，称为天然各向异性或磁晶体的各向异性。正因为这种各向异性使得铁磁性材料在不同方向上磁化的难易程度有所区别，容易被磁化的方向称为易轴，而不易被磁化的方向称为难轴。

从能量的观点分析来看，在磁场环境中，单晶体因发生磁化而使得其自由能

增大，而增大的这部分能量等于磁化功，且其大小与磁化的方向有关（易轴方向最小，难轴方向最大），这部分自由能称为磁晶体各向异性能。以立方晶系为例，设其总的各向异性能为 E_K，则有

$$E_K = K_1(a_1^2 a_2^2 + a_2^2 a_3^2 + a_3^2 a_1^2) + K_2 a_1^2 a_2^2 a_3^2 \qquad (3-2)$$

式中：K_1、K_2 为各向异性常数；a_1^2、a_2^2、a_3^2 分别为磁化方向与三个晶轴之间的夹角余弦。

3. 磁畴结构

在没有被磁化之前，铁磁性材料内部就已经产生了自发磁化，并形成磁化强度方向各异的小区域，这些小区域称为磁畴，其大小约为 $10^{-6} mm^3$。在没有被磁化之前，铁磁性材料中磁畴的磁化强度方向是呈随机无规律的，总的磁矩为零，对外不表现磁性。外加磁场后，磁畴的磁化强度的方向逐渐转向与外磁场相同的方向，于是表现出强磁性。

从能量的角度分析，铁磁性材料中形成磁畴的主要原因是用来减少系统的静磁能和弹性能。因此，形成的磁畴结构必定是使得磁畴中所包含的能量达到最小。图 3-1 可以直观形象地说明磁畴是如何形成的。

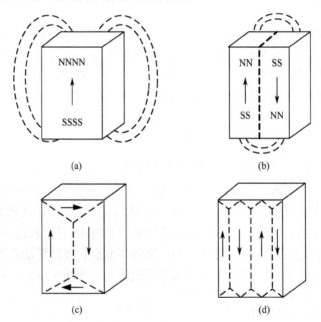

图 3-1　单晶体磁畴

（a）形成一个自发磁化正；（b）分成两个相反的磁畴；（c）分成 N 个磁畴；（d）闭合磁畴。

铁磁晶体中发生的沿晶体易轴方向的自发磁化现象直至达到饱和状态，使得其内部的磁晶体各向异性能与交换能均减小到极小值。磁化现象会使晶体形成磁极，产生一定的退磁场，进而使其内部出现静磁能。假设铁磁晶体内只产生如

图 3-1（a）所示的一个单个的磁畴，设其静磁能为 E。若将其分为如图 3-1（b）所示的 2 个方向相反的磁畴，其静磁能约为原来的 1/2。若分为 N 个，静磁能就为原来的 $1/N$。 由热力学理论可知，铁磁晶体必然会形成 N 个磁畴的结构。然而，若按上述方法划分晶体中形成的磁畴结构还是会使其内部存在较高的静磁能。因此，若要使静磁能减小为零，磁畴中的磁路则必须为图 3-1（c）所示的闭合形式，这样才能使物质对外不表现出磁性。图 3-1（c）中的两个三角形的磁畴称为闭合磁畴。闭合磁畴与基本磁畴之间存在许多不同，其磁畴方向和磁畴伸缩的差异会产生一定量的磁致伸缩能。而产生的这部分磁致伸缩能与磁畴的尺寸和数量有关，其尺寸越小则这部分能量就越小，磁畴数量增多也会使该能量减小。因此，为降低系统中的磁致伸缩能，闭合磁畴的组态需继续变小，如图 3-1（d）所示。磁畴尺寸减小以及数量的增多会使系统达到能量最小的稳定状态。

铁磁性材料中，当自发磁化区分成许多磁畴时，相邻的磁畴彼此之间不可能直接交界，如图 3-2（a）所示。相邻自旋完全不平行的交换能是极大的，所以磁畴之间必然要形成一个过渡层，称为磁畴壁。如图 3-2（b）所示，磁畴壁中自旋的方向逐步发生改变，最后变化为与相邻磁畴自旋方向平行的状态，这种形式大大降低了磁畴壁中交换能。然而，在磁畴壁形成过程中需要额外的能量来满足因自旋方向偏离易轴而增加的磁各向异性能和因大小形状变化而增加的磁致伸缩能。这部分能量将由磁畴变小而产生的磁致伸缩能来提供，当两者相等时磁畴结构就会达到稳定的闭合组态。

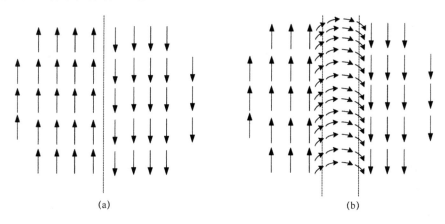

(a)   (b)

图 3-2　相邻 180° 磁畴壁

（a）相邻磁畴不直接交界；（b）磁畴壁的形成。

4. 磁机械效应

磁机械效应是指磁化强度与应力、应变等力学参量的变化密切相关的现象。铁磁性材料被施加应力而产生应变，其内部的磁畴排列和自发磁化方向都会发生改变，这将会使材料的磁化强度也发生改变。因此，这种磁致伸缩逆效应也应是磁机械效应。

1. 磁致伸缩

磁致伸缩是指当铁磁性材料的磁化状态发生改变时其本身所产生的一切形状和大小的变化，也包括由于应力作用而造成材料磁化状态改变的现象。因此，磁致伸缩也称为广义上的压磁效应。通常将因铁磁性材料磁化而引起的长度改变的现象称为线性磁致伸缩，体积改变的现象称为体积磁致伸缩。

在单晶中的磁致伸缩表现得最为清楚，易于观察。若沿晶轴方向将其磁化，晶体就会出现线性磁致伸缩。其变化程度通常用磁致伸缩系数 λ 表示，即

$$\lambda = \frac{\Delta l}{l} \tag{3-3}$$

式中：l 为某晶轴方向上的长度；Δl 为长度的变化量。

当 λ 大于零时，表示沿磁化方向伸长；当 λ 小于零时，表示沿磁化方向缩短。

2. 磁弹性效应

磁弹性效应是指当外力或扭矩作用于铁磁性材料时，其内部应力发生变化从而出现磁致伸缩性质的应变，使材料本身的磁化强度也发生相应变化。引起磁弹性效应的原因跟材料内部磁畴结构与应力、应变等参量之间的变化关系密切相关。由于应力的作用，材料中磁畴结构会发生改变，畴壁会移位，自发磁化的方向也会发生变化。若材料的磁致伸缩系数大于零，磁畴壁将会逐渐向与受力方向平行的方向变化；若材料的磁致伸缩系数小于零，磁畴壁将会逐渐向与受力方向垂直的方向变化。

材料内部由于磁致伸缩形态结构发生改变而产生形变能，这部分能量称为磁弹性能。若此时晶体中还存在内应力或者受到外应力作用，则在形变能中还存在应力能。因此，在受外应力作用时，铁磁材料内部自由能 E 可以表示为

E=磁晶各向异性能+磁弹性能+应力能

根据 E 等于极小值时达到稳定状态的条件，可以得到应力能 E_σ，即

$$E_\sigma = -\frac{3}{2}\lambda_s \sigma \cos^2\theta \tag{3-4}$$

式中： σ 为应力；λ_s 为饱和磁致伸缩系数；θ 为磁化矢量方向与应力方向之间的角度。

由式（3-4）可以看出，减小应力能的方法是改变磁化强度的方向。当材料受外应力作用时，对于磁致伸缩各向同性的材料来说，λ_s 为正时，$\theta = 0$ 或 π 应力能达到最小；λ_s 为负时，$\theta = \pi/2$ 或 $3\pi/2$ 应力能达到最小。由此可以得出，当对材料施加拉应力时，不同材料中 λ_s 值的正负决定其磁化强度的方向，即：若 λ_s 值为正的材料，其磁化强度的方向与所施加应力的方向相同；若 λ_s 值为负的材料，其磁化强度的方向与所施加应力的方向垂直。铁磁性材料受到外应力作用时，其内部会以同样的方式来降低所产生的应力能，然而应力的作用以及应力消除后所产生的残余应力依旧会使应力能增大。这就使得原有平衡状态被打破，需要通过增加

磁弹性能的方式来消除这部分增大的应力能。

3.2.2 地磁场

地球是一个大磁体，这是众所周知的事实。它的存在为我们提供了一个稳定、廉价的天然磁场，为我们的生活提供了很多方便，如指南针、磁罗盘等。地磁场可以分为三个基本组成部分，分别为：地核内部产生的长期变化的基本磁场，地壳内磁性活动产生的异常磁场；近地空间的电流体系产生的外源磁场[6]。

图 3-3 为地球偶极磁场中磁力线的分布图，中间部分为地核。YY'是南北极之间的磁轴，XX'是磁赤道。根据磁学定律，偶极场的垂直分量 H_y 与水平分量 H_x 分别为

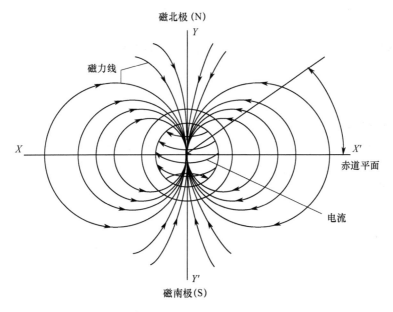

图 3-3 地球的偶极磁场

$$\begin{cases} H_x = \dfrac{2M}{r^3}\cos\phi_m \\ H_y = \dfrac{2M}{r^3}\sin\phi_m \end{cases} \tag{3-5}$$

式中：M 为地球磁矩；r 为地球内核半径；ϕ_m 为测量点矢径与磁赤道的夹角。

地磁场属于弱磁场，在北纬 $50^{\circ} \sim 60^{\circ}$ 地区的磁场强度约为 40A/m。虽然地磁场很微弱，但是在金属磁记忆检测中对于形成自发漏磁场来说却起到了至关重要的激励作用。在铁磁性材料受外应力作用而发生应变时，地磁场把内应力的变化转化为内部磁化强度方向的变化。铁磁性材料在应力和地磁场的共同作用下，会在将要出现缺陷的地方形成不可逆的固定磁畴结点，并且该点内的磁场会在缺陷

位置形成能够被检测到的漏磁场，进而形成缺陷特征信号。

3.2.3 金属磁记忆产生的机理

金属磁记忆的出现受到外应力和大地磁场的共同影响[7]。

从能量的角度看，在没有外应力和外磁场作用时，铁磁性物质内磁晶体处于稳定状态，其总的自由能 E 为

$$E = E_k + E_{ms} \qquad\qquad (3\text{-}6)$$

式中：E_k 为磁晶体各向异性能；E_{ms} 为磁弹性能。

在外应力的作用下，磁晶体会受到额外的应力能。应力能 E_σ 由下式给出，即

$$E_\sigma = -3\lambda_s \sigma \cos^2 \theta / 2 \qquad\qquad (3\text{-}7)$$

式中：σ 为磁晶体受到的外应力；λ_s 为磁致伸缩系数；θ 为应力方向与磁化方向之间的夹角。

此时，铁磁性物质总的自由能发生变化，自由能 E 为

$$E = E_k + E_{ms} + E_\sigma \qquad\qquad (3\text{-}8)$$

根据能量最小状态原则，若要使铁磁物质重新处于稳定状态，需要减小应力能 E_σ、磁弹性能 E_{ms} 和磁晶体各向异性能 E_k，使自由能 E 趋向最小。

由式（3-8）可以看出，通过改变磁化强度方向，可以减小应力能 E_σ。对于正磁致伸缩材料，磁致伸缩系数 λ_s 为正数，在 $\theta = 0$ 或 $\theta = \pi$ 时应力能最小，表现为施加应力时材料的磁化强度方向趋于与应力平行的方向，此时应力方向为易磁化方向。对于负磁致伸缩材料，磁致伸缩系数 λ_s 为负数，在 $\theta = \pi/2$ 或 $\theta = 3\pi/2$ 时应力能最小，表现为磁化强度方向趋于与应力垂直的方向，此时应力方向为难磁化方向。

对于一般的铁磁性材料，其磁致伸缩系数 λ_s 均为正数，平行于应力的方向为易磁化方向。由 3.3.1 节所述，磁晶体各向异性能 E_k 在沿易轴方向时能量最小，磁畴也会沿易轴进行取向。因此，在受到外应力作用后，铁磁性物质总自由能增加，处于不稳定状态。根据能量最小状态原则，铁磁性物质磁化强度不能任意取向。从结果上看，磁晶体内部磁畴壁出现位移，磁畴取向为沿外应力方向，宏观上表现出了磁性。在外应力移除后，由于磁畴结构已经发生永久性的变化，使得磁性得以保留，从而体现出记忆性[8]。

地球作为一个永磁体，必然会对铁磁性构件起到一定的磁化作用。大地磁场虽然较弱，但因铁磁性物质受到外应力时形成了磁化易轴，在此方向上大地磁场对磁畴的重新定向组织排列起到了推动作用，加强了磁记忆所形成的磁场[9]。

综上所述，铁磁性构件在外应力的作用下，会受到外应力、磁致伸缩效应与磁弹性效应的共同影响。根据能量最小原则，磁晶体内部必然会出现磁畴组织结构的变化，从而改变铁磁性构件的自发磁化方向，以此来抵消应力能的增加。在地磁场与外应力的共同作用下，铁磁性构件的磁畴组织重新定向排列，自发磁化方向改变，在宏观上表现为磁特性的不连续分布。并且，在外应力撤除后，由应力集中引起的磁特性得到保留，形成磁记忆效应[10]。

铁磁性构件在使用的过程中，材料内部结构缺陷等不连续部位在熔炼、锻造加工时，磁畴组织结构会遭到破坏，将会出现应力集中现象[11]；外应力消除后，这些应力集中区会留存下来。为抵消具有高应力能的应力集中区，磁畴组织结构会重新定向排列并对外显示磁性，在构件表面出现微弱的漏磁场，表现出金属的磁记忆性。当铁磁性构件在长时间周期性负载和大地磁场的共同作用下，残余磁感应量不断增加，进一步加强了磁记忆效应，如图3-4所示。

金属磁记忆检测中，在应力集中区会出现缺陷漏磁场，可用磁偶极子泄露磁场进行等效[12]。由电磁场理论，假定有一矩形槽，磁荷分布在矩形槽的两壁形成磁偶极子，如图3-5所示。

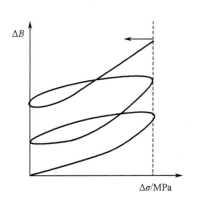

图 3-4 残余磁感应量变化图   图 3-5 金属磁记忆磁偶极子模型

图3-5中面密度为 ρ_{ms}，可看作常数。磁槽壁上宽度为 d_η 的面元在 P 处产生的磁场强度可表示为[13]

$$dH_1 = \frac{\rho_{ms}d_\eta}{2\pi\mu_0 r_1^2}r_1 \tag{3-9}$$

$$dH_2 = -\frac{\rho_{ms}d_\eta}{2\pi\mu_0 r_2^2}r_2 \tag{3-10}$$

式中：$r_1 = \sqrt{(x+b)^2 + (y-y')^2}$；$r_2 = \sqrt{(x-b)^2 + (y-y')^2}$。

他们的 x 与 y 方向分量为

$$dH_{1x} = \frac{\rho_{ms}(b+x)d_\eta}{2\pi\mu_0\left[(x+b)^2 + (y+h)^2\right]} \tag{3-11}$$

$$dH_{2x} = -\frac{\rho_{ms}(x-b)d_\eta}{2\pi\mu_0\left[(x-b)^2 + (y+h)^2\right]} \tag{3-12}$$

$$dH_{1y} = \frac{\rho_{ms}(y+\eta)d_\eta}{2\pi\mu_0\left[(x+b)^2 + (y+h)^2\right]} \tag{3-13}$$

39

$$\mathrm{d}H_{2y} = -\frac{\rho_{ms}(y-\eta)d_{\eta}}{2\pi\mu_0\left[(x+b)^2+(y+h)^2\right]} \tag{3-14}$$

通过积分计算可得漏磁场分量 H_x 与 H_y 为

$$H_x = \frac{\rho_{ms}}{2\pi\mu_0}\left[\arctan\frac{h(x+b)}{(x+b)^2+y(y+h)} - \arctan\frac{h(x-b)}{(x-b)^2+y(y+h)}\right] \tag{3-15}$$

$$H_y = \frac{\rho_{ms}}{4\pi\mu_0}\ln\left[\frac{\left[(x+b)^2+(y+h)^2\right]\left[(x-b)^2+y^2\right]}{\left[(x+b)^2+y^2\right]\left[(x-b)^2+(y+h)^2\right]}\right] \tag{3-16}$$

由式（3-15）和（3-16）可知，磁记忆漏磁场的切向分量与法向分量的分布规律曲线如图 3-6 所示。金属磁记忆效应主要表现为在铁磁性构件的应力集中区域所形成的漏磁场法向分量 H_y 改变符号且有过零值点现象，而切向分量 H_x 出现最大值。通过该特征即可判断铁磁构件应力集中区的位置，这也为金属磁记忆检测的实际应用奠定了基础[14]。

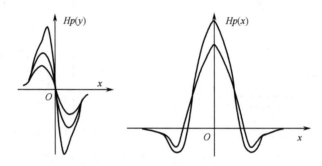

图 3-6 磁记忆检测漏磁场分布

3.2.4 影响磁记忆信号的因素

1. 地磁场对磁记忆信号的影响

由磁记忆检测的原理可以看出，地磁场在磁记忆检测中起到了非常重要的作用。由铁磁学原理可知，应力会使铁磁性构件的磁化性能发生变化，应力集中区的磁化强度与其相邻区域内的磁化性能有很大区别，在外磁场（如地磁场）存在时，这些区域的磁场就会发生畸变[15]。

地磁场为矢量场，其方向固定不变，其大小会随着所处地理位置、环境以及海拔的不同而发生变化。而作为磁记忆现象的激励磁场，在铁磁性构件中应力集中区所产生的漏磁场也会具有与地磁场相似的性质，具有一定的方向性，漏磁场强度的大小也会随地磁场的不同而变化。

经专家学者研究发现，在相同拉伸载荷的作用下，被测铁磁性构件的放置方向不同，其检测结果也会出现差异。以铁棒为例，对其施加沿其轴线方向的拉伸载荷并产生垂直于轴线的裂纹缺陷。若铁棒轴线与地磁场方向平行，即拉力方向与地磁场平行，裂纹缺陷走向与磁场垂直，此时所产生的漏磁场强度最大；反之，若铁棒与地磁场方向垂直，则产生的漏磁场强度最小。此外，铁磁性构件的磁记忆现象主要受拉伸方向的磁场分量大小的影响，而垂直于拉伸方向的磁场分量对其影响很微弱[16]。由此可知，矿用输送带钢绳芯的磁记忆检测中，南北走向的输送带的磁记忆信号比东西走向的输送带更明显。

综上所述，地磁场不仅对磁记忆效应有激励作用，还会对磁记忆效应产生很大的影响。检测时应尽可能选择垂直于地磁场方向放置，以减小地磁场对检测结果的影响。

2. 提离高度对磁记忆信号的影响

金属磁记忆检测的是铁磁性材料应力集中区所产生的漏磁场，随着检测高度的增加，该漏磁场信号会不断减弱。在金属磁记忆检测中，检测结果会受到提离高度的影响，因此有必要探讨在磁记忆检测中提离高度与磁记忆信号之间的关系。

提离高度通常是指磁记忆检测传感器与被测构件表面的垂直方向距离。试验证明，在不同的提离高度下，磁记忆信号有着显著区别[17]。随着提离高度的增加，应力集中区漏磁场信号梯度会逐渐变小，法向分量也逐渐减小。当提离高度大于1mm小于15mm时，磁记忆信号仍存在异变区，表明漏磁场磁记忆信号仍然能反映出应力集中缺陷；当提离高度大于15mm时，磁记忆信号近似于一条直线，异变区消失，此时漏磁场信号已不能体现出应力集中区。因此，在实际检测过程中，磁记忆检测的提离高度应保持在15mm以内，否则磁记忆信号将会失真；而由于检测中存在的抖动和被测构件表面不平整现象，提离高度也不宜过低。提离高度应根据实际检测时的抖动情况和被测构件表面粗糙程度来确定。

3. 方向对磁记忆信号的影响

金属磁记忆现象是在应力集中与大地磁场共同的作用下产生的，大地磁场是产生磁记忆信号的必要条件。大地磁场具有方向性，因此磁记忆检测方向会在一定程度上影响磁记忆检测的信号[18]。

按不同的方向放置待测构件，采用多个检测方位对构件进行检测。沿水平方向检测时，构件采用水平放置且检测方向也为水平；沿垂直方向检测时，构件采用垂直放置且检测方向也为垂直。每个检测方向放置两个不同摆放方向的试件，如图3-7所示。

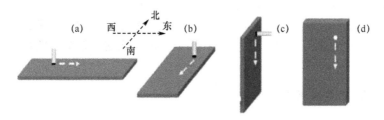

图3-7 磁记忆检测方向示意图

试验结果表明，不同检测位置对磁记忆检测结果的影响极小，只在数值上有轻微的不同。无论构件采取水平方向放置或是垂直方向放置，在每一种放置方向中，磁记忆检测信号的分布规律完全一致，数值相差极小，不会影响磁记忆检测结果的精度[19]。在磁记忆检测中，无论构件放置方向如何，构件表面的磁记忆漏磁场分布均不会出现明显不同，磁记忆检测信号的分布规律也不会出现改变。在实际检测过程中，没有必要规定检测的方向与被测构件的放置方向，只需选择适当的检测方法即可。

3.2.5　磁记忆检测评价依据

利用金属磁记忆检测技术对铁磁性构件进行检测，主要是对应力集中区的位置和应力集中程度的诊断，以此来判断构件缺陷的损伤程度。因此，需要能够可靠地表征应力集中区的特征量。经过多年的研究和实践，国内外专家提出了多种金属磁记忆信号的特征值，主要有如下几种。

（1）法向分量过零点和梯度最大值。该特征量是俄罗斯莫斯科动力诊断公司最早提出的寻找应力集中区域的基本方法，通过寻找法向分量中的过零点区域，计算其梯度值的大小来衡量应力集中程度[20-22]。

（2）法向磁场信号的峰值。该特征量是寻找信号中的极大值和极小值，然后计算相邻极值的差的绝对值（极差）。该特征量排除了信号基线的影响，检测结果的准确性和可靠性有所提高[23]。

（3）傅里叶分析相位突变位置。磁记忆信号经过快速傅里叶分析后，发现相位突变的位置与应力集中区有一定的对应关系[24]。

（4）小波分析能量极大值位置。小波分析对信号处理后，发现了小波能量极大值位置与应力集中区位置有一定的对应关系[25]。

（5）Lipschitz 指数法。通过对信号进行连续小波变换，计算小波极大值，求得小波系数模极大值和尺度对数的线性拟合线，则 Lipschitz 指数就等于直线斜率[26]。在局部区域，若其奇异性指数小于设定的阈值，则均可判定为故障位置。

3.3　金属磁记忆检测

传统磁记忆检测一般都是针对磁记忆信号的定性检测，只对有无缺陷做出判断，而不对检测特征进行定量分析处理。本节在分析金属磁记忆检测判据的基础上，提出了李萨如图形检测判据与杜波夫检测判据相结合的输送带钢绳芯检测方法，通过对磁记忆损伤系数的测量与计算，实现了输送带钢绳芯的金属磁记忆定量检测。

3.3.1　金属磁记忆的定性检测判据

现代铁磁学与材料力学的研究表明，铁磁性构件在工作载荷与大地磁场的共同作用下，材料内部会出现具有磁致伸缩性质的磁畴组织结构重新定向排列，并在应力集中区形成具有记忆性质的漏磁场信号。通过对该漏磁场信号进行数据分析，并根据一定的检测判据，便可判断出被测构件的缺陷位置与损伤程度。检测判据的优劣在很大程度上决定了金属磁记忆检测的成功与否。

1. 杜波夫传统检测判据

金属磁记忆检测技术是由俄罗斯杜波夫教授于 20 世纪 90 年代提出的一种针对金属构件应力集中区的早期无损检测技术，因其优良的检测特性在许多国家和地区得到快速发展与推广。

杜波夫教授提出，金属磁记忆漏磁场信号在某一测量点位置，漏磁场信号表现为一磁场矢量信号。该信号沿法向方向分解的分量为漏磁场法向分量 $H_p(y)$，沿切向方向分解的分量为 $H_p(x)$。在非应力集中或无损伤缺陷区域，被测构件不会出现漏磁场信号，因此其切向分量与法向分量曲线表现为平直曲线。而在应力集中或损伤缺陷区域，被测构件体现出磁记忆性并产生漏磁场，切向分量与法向分量出现如图 3-8 所示的现象，即：该区域内漏磁场的法向分量 $H_p(y)$ 改变符号且通过零值点，而切向分量 $H_p(x)$ 在此处出现最大值。对被测构件的切向分量与法向分量进行连续检测，若漏磁场曲线在某一区域出现该变化，即可推断为磁性构件的应力集中与缺陷损伤区域[27]。

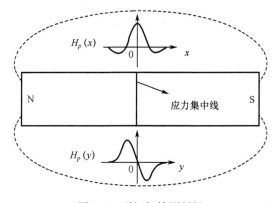

图 3-8　磁记忆检测判据

该检测判据是当前应用最为广泛的一种检测判据，目前大部分的金属磁记忆检测仪器也是利用该检测判据进行检测工作。此检测判据的特点是检测数据处理简便，应力集中区域容易判断；但也有比较大的缺点：

（1）中区仅是通过漏磁场信号曲线图形进行判断，是一种金属磁记忆定性检测，即只能确定应力集中区而不能判断损伤缺陷的严重程度。

（2）记忆的漏磁场信号较为微弱，在实际检测现场可能有其他的干扰磁场叠加到金属磁记忆信号上，仅利用该检测判据很可能出现各种的误检和漏检，使得检测的准确度大大降低。

（3）磁场信号的法向分量变化程度远远大于切向分量的变化程度，而且切向分量的测量较为困难，在实际工程应用中通常只使用了法向分量过零且改变方向判据，而不再对切向分量进行测量，这就导致了磁记忆信号的缺失，降低了测量的准确度。

2. 梯度检测判据

在应力集中或缺陷损伤区域，金属磁记忆漏磁场的切向分量幅值 $H_p(x)$ 与法向分量幅值 $H_p(y)$ 变化剧烈。基于该特性，可通过漏磁场切向分量与法向分量的梯度值 K 来判断应力集中区域[28]。K 在数值上等于某一检测区域内法向分量或切向分量的变化量与该检测区域的长度之比，即漏磁场分量的位移的变化率，可表示为

$$K_X = \frac{\mathrm{d}H_p(x)}{\mathrm{d}l} = \frac{H_p(x)_{\max} - H_p(x)_{\min}}{\Delta l} \tag{3-17}$$

$$K_Y = \frac{\mathrm{d}H_p(x)}{\mathrm{d}l} = \frac{H_p(y)_{\max} - H_p(y)_{\min}}{\Delta l} \tag{3-18}$$

式中：$H_p(x)_{\max}$、$H_p(y)_{\max}$ 为检测区域内切向分量与法向分量的最大值；$H_p(x)_{\min}$、$H_p(y)_{\min}$ 为检测区域内切向分量与法向分量的最小值；Δl 为检测区域的长度。K 的常用单位为（毫特斯拉每米）mT/m。

该检测判据在实际应用时通常需结合杜波夫传统判据使用。将被测构件划分为若干评价区域，记录各评价区域的长度。在对漏磁场测量后，可得到漏磁场的切向分量与法向分量梯度 K 变化曲线。在梯度 K 剧烈变化区域，若漏磁场曲线同时出现切向分量有最大值且法向分量反向过零现象，可判断在此区域出现了应力集中缺陷损伤[29]。

梯度检测判据的提出，可以有效解决杜波夫传统判据中磁记忆漏磁场信号易受到环境磁场干扰的问题。通过对漏磁场分量进行梯度运算，屏蔽了环境干扰磁场与大地磁场在磁记忆漏磁场信号上的叠加，很好地体现了漏磁场切向分量与法向分量的变化程度。在梯度出现极值位置，可认为该区域出现了应力集中或缺陷损伤，结合传统判据可以有效提高缺陷损伤位置判断的准确性[30]。

但是，该检测判据同样只是定性检测判据，虽然能较好地判断出缺陷损伤位置，但仍然不能对损伤程度进行定量检测。

3. 多尺度小波变换检测判据

多尺度小波变换检测判据是将磁记忆检测信号进行多尺度的小波分解，以此来得到高频到低频的不同分解尺度的磁记忆检测信号，由低频分解尺度即可对检测信号中的奇异点加以识别。通过奇异点位置即可判断出被测构件的损伤缺陷位置。对磁记忆信号进行奇异点识别检测时，小波函数的选取应达到一定的消失矩阶数。由于磁记忆检测信号较弱，并且具有非平稳的特性，为了更好地检测磁记忆信号中的突变点或奇异点，可通过反复试验选择分解尺度适当的小波函数，使小波在时域和频域中均具有信号局部特征的表征能力。奇异点的判定通常会采取

由粗至细的小波变换算法，由最粗尺度开始搜索并逐级细化直到搜索完整，在每个尺度下分别找出小波变换的模极大值。

典型的磁记忆损伤缺陷信号的多尺度小波变换检测如图 3-9 所示。突变特征在磁记忆分解信号 $d1$ 和 $d2$ 时函数特征表现明显，因此可以判断图示突变点所在位置即为应力集中缺陷损伤位置。

多尺度小波变换检测判据的特点是能够通过磁记忆检测信号中的突变位置准确地找出缺陷损伤位置，这一特点在环境磁场干扰明显的情况下体现得尤为突出[31]。但在对缺陷损伤的定量表征方面，该检测判据仍有所欠缺，在实际应用中通常与其他检测判据共同使用，可以较好地找到磁记忆缺陷位置。

4. 低周疲劳损伤检测判据

被测构件在反复使用过程中，会受到不同程度的低周疲劳损伤。对不同低周疲劳损伤构件进行检测，得到不同损伤程度下的磁记忆信号。根据损伤力学理论，可提取部分磁记忆检测信号特征参量作为损伤变量，通过建立损伤力学模型以及低周疲劳损伤的连续损伤力学模型，实现被测构件的低周疲劳损伤定量表征。该检测判据通过将金属磁记忆检测技术与损伤力学相结合，可定量表征被测构件的损伤程度[32]。

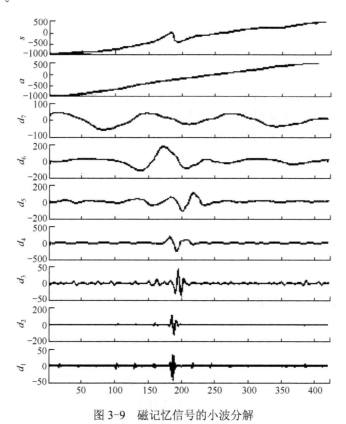

图 3-9　磁记忆信号的小波分解

磁记忆检测信号特征参量可选取为法向分量峰值 $H_p(y)_{sub}$ 与法向分量梯度最大值 K_{max}。其中，峰值 $H_p(y)_{sub}$ 为磁记忆信号最大值 $H_p(y)_{max}$ 与最小值 $H_p(y)_{min}$ 间的差值。根据连续损伤力学理论，低周疲劳损伤模型可表征为

$$D = 1 - \Delta H_p(y)_{sub0} / \Delta H_p(y)_{subN} \tag{3-19}$$

式中：D 为损伤度；$H_p(y)_{sub0}$ 为初始无损伤时磁信号特征参量；$H_p(y)_{subN}$ 为第 N 次循环时的磁信号特征参量。

该检测判据可通过前期试验得出被检测物件的磁记忆特征参量与损伤程度的量化模型，在检测时根据所检测的磁信号特征参量与损伤模型进行比对，实现对被测元件损伤程度进行评估。该检测判据在具体应用时，需建立被检测类型的构件损伤量化模型，这一过程对于结构复杂的构件实现难度很大，并且试验周期长、费用较高。故此检测判据通常只应用于试验室研究，很难在实际现场推广应用。

3.3.2 李萨如图形检测判据

金属磁记忆检测技术作为对金属构件的早期无损检测方法，利用上述的检测判据，可以很好地检测出被测构件的缺陷损伤与应力集中区。但大量的工程实践表明，仅利用上述检测方法，只能定性地确定损伤位置，但不能很好地定量体现出损伤的严重程度。而李萨如图形检测判据[33]作为一种定量检测判据，可以对缺陷损伤的程度进行量化表示，为判断缺陷损伤的危险程度与被测构件的寿命预测提供了可能。

在相互垂直的方向上的两个频率成简单整数比的简谐振动所合成的规则稳定的闭合曲线称为李萨如图形，又称为李萨如曲线。振动是自然界常见的运动形式之一，其特点是具有时间的周期性[34]。金属磁记忆检测信号为磁场信号，若其在某个定值附近进行反复变化，则可将其看作为一种振动。磁记忆检测信号通常可分解为法向分量 $H_p(y)$ 与切向分量 $H_p(x)$，若二者在被测构件损伤缺陷位置的振动频率之比具有某种特定关系，则可在此位置形成李萨如图形。

由磁偶极子模型可知，磁记忆漏磁场的法向分量与切向分量的分布曲线如图 3-10 所示[35]。在远离损伤缺陷或应力集中区的漏磁场法向分量与切向分量信号未发生突变，变化平缓且趋于一个恒定值，频率比近似为 1:1，不会出现封闭的李萨如图形。而在损伤缺陷应力集中位置，漏磁场的法向分量与切向分量信号会发生突变。法向分量 $H_p(y)$ 的符号发生改变，出现过零点，而切向分量 $H_p(x)$ 出现最大值。

简谐振动遵循余弦函数和正弦函数的规律，而漏磁场的分布曲线与正余弦函数具有一定相似性。法向分量类似于正弦函数，而切向分量类似于余弦函数，切向分量与法向分量的频率可近似认为满足 1:2 的关系。在此位置可认为漏磁场信号同时参与了两个振动方向相互垂直、频率比为有理数 2 的简谐振动，故在此处会出现一个封闭的李萨如图形。

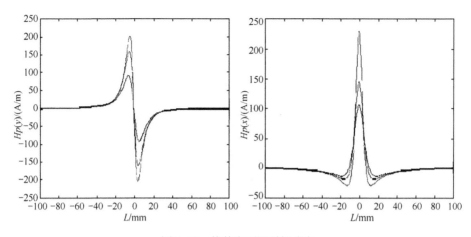

图 3-10 构件表面漏磁场分布

李萨如图形可由振幅比、频率比、图形余弦与方向正弦四个特征参量确定。而在由漏磁场切向分量与法向分量合成的李萨如图形中，其频率比、图形余弦与方向正弦参量均为定值，唯一影响李萨如图形的是两分量的振幅比。试验表明，该封闭的李萨如图形的面积与被测构件的损伤程度具有某种关系。在被测构件的应力集中区，切向分量与法向分量可合成为一封闭的李萨如图形。随着损伤程度的加剧，封闭李萨如图形会随之增大，故可使用该闭合李萨如图形的面积来定量表征被测构件的损伤程度。

对铁磁性金属构件的拉伸试验表明，在不同应力条件下对构件进行磁记忆信号检测，磁记忆信号的切向分量与法向分量所合成的封闭李萨如图形面积也会有所不同，且封闭图形面积的大小与应力的大小有一定的关系。试验中，在应力逐渐增大的过程中，磁记忆信号李萨如图形开始出现并逐渐增大。当构件进入屈服阶段后，开始形成封闭的李萨如图形，其面积约为 10^{-4}Gs^2 左右；当构件进入强化阶段，李萨如图形的面积开始明显增加，面积的数量级发生变化；当构件拉伸至接近抗拉强度时，面积急剧增加，面积约为 0.01Gs^2；当构件加载到抗拉强度以及继续加载，李萨如图形的面积数量级约为 10^{-1}，即其面积为 0.1Gs^2 左右，此时构件出现了明显的宏观缺陷[36]。

通过以上分析可知，在微观应力集中缺陷产生到宏观损伤缺陷形成的过程中，李萨如图形面积明显增大，呈现数量级增加，可考虑对其面积进行对数运算，即

$$\sigma = \lg s \tag{3-20}$$

式中：s 为封闭李萨如图形的面积，单位为 Gs^2；σ 为磁记忆损伤系数。在上述拉伸试验中，σ 由-4 增大到-1，体现出损伤程度的加剧。而 σ 的值可作为金属磁记忆检测的定量表征，σ 不同的值对应了被测元件不同的损伤程度，实现了金属磁记忆的定量检测。

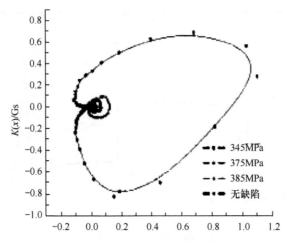

图 3-11 不同应力条件下磁记忆信号二维检测曲线

李萨如图形检测判据最大的特点是定量检测判据，通过对磁记忆损伤系数 σ 的测量计算，即可确定损伤缺陷程度。李萨如图形的形成充分反映出切向分量与法向分量之间的联系，保证了磁记忆信号的完整性。

而李萨如图形检测判据也有一定的不足，即李萨如图形中不含有位置参量。也就是说，在输送带钢绳芯的连续金属磁记忆检测中不能确定缺陷损伤的位置。故应考虑将李萨如图形定量检测判据结合其他定性检测判据结合使用。

3.3.3 磁记忆信号的三维矢量分解与合成

由以上的各种检测判据可以看出，漏磁场法向分量 $H_p(y)$ 与切向分量 $H_p(x)$ 是金属磁记忆检测中的两个关键数据。漏磁场在测量点位置表现为具有方向性质的空间磁场矢量。

漏磁场切向分量 $H_p(x)$ 在实际应用中易受到现场磁场信号的干扰，且不易精确测量。漏磁场切向分量 $H_p(x)$ 不易测量的原因在于：一方面，切向分量信号 $H_p(x)$ 比法向分量 $H_p(y)$ 微弱很多，需要使用高分辨率的测量元件；另一方面，切向分量是切平面磁场的最大值，不同的传感器放置方向会得出不同的切向分量值，故确定切平面传感器的放置方向与位置是切向分量测量的重要问题[37]。

由于磁记忆漏磁场信号具有矢量性质，故可仿照力的矢量分解对该漏磁场矢量信号进行三维矢量分解。如图 3-12 所示，OM 段为磁场矢量信号，ON 段为法向分量，OP 段为切向分量。

漏磁场矢量信号在法平面内的投影即为漏磁场法向分量 $H_p(y)$，在切平面内的投影即为漏磁场的切向分量 $H_p(x)$。而在切平面内，切向分量又可以分解为相互正交的两个子分量，如图 3-13 所示。

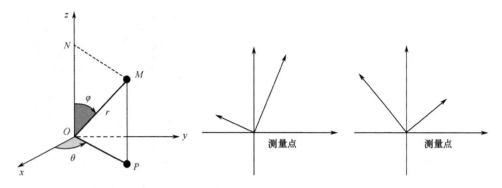

图 3-12　磁记忆信号的三维矢量分解　　　　　图 3-13　矢量合成示意图

由图 3-13 可以看出，切向分量 $H_p(x)$ 在切平面内可分解为任意相互正交方向上的两分量，其所影响的只是分量的大小，而其矢量合成之后的切向分量并不会改变。

基于以上原理，可使用矢量合成的方法提取漏磁场的切向分量与法向分量。对于法向分量，在测量点位置上可直接通过磁记忆传感器测量得出。对于切向分量，可在测量点位置上任意选取切平面内相互正交的两检测方向，对两检测方向分别进行金属磁记忆检测，再将两测量值进行矢量合成，便可以准确地计算出该检测位置的漏磁场法向分量[38]。

作为金属磁记忆检测中的关键数据，法向分量 $H_p(y)$ 与切向分量 $H_p(x)$ 的准确测量十分重要。法向分量的测量手段已十分成熟，而对于切向分量的测量手段则稍显滞后。磁记忆检测信号的三维矢量分解与合成方法对于准确检测切向分量有重要的意义，且为磁记忆检测传感器的设计提出了一种很好的思路。

3.3.4　矿用输送带金属磁记忆的定量检测

金属磁记忆检测是通过提取被检测构件的漏磁场切向分量 $H_p(x)$ 与法向分量 $H_p(y)$，并依据某些检测判据对被测构件的损伤与否进行判断。

在一般工程应用中，金属磁记忆检测只使用了传统判据即利用法向分量反相且过零和切向分量出现最大值作为判断准则，由于传统判据的缺陷性而只能做出定性的分析，即找到被测构件缺陷损伤的位置而不能对被测构件的损伤程度做出评估。

李萨如图形检测判据在一定程度上弥补了磁记忆检测中定量检测的缺失。应用李萨如图形检测判据进行数据分析，以切向分量 $H_p(x)$ 作为横轴，法向分量 $H_p(y)$ 作为纵轴。在应力集中区附近，两曲线即可合成一个稳定、封闭的李萨如图形。应力集中程度或缺陷损坏程度越严重，漏磁场会相应增大，所形成的李萨如图形闭合部分面积会相应增加，磁记忆损伤系数 σ 也会相应增大，且该闭合部分只有在有应力集中等缺陷位置处才会出现，而磁记忆损伤系数 σ 则可作为损伤程度的定量表征[39]。

　　对矿用输送带的检测是一个长时间、长距离的连续性检测。但是，由于李萨如图形不包含所测构件的位置信息，在对输送带钢绳芯的连续测量过程中，若只凭借李萨如图形是不能判断出缺陷位置的。此时可选择使用杜波夫传统检测判据并结合梯度检测判据，先行对缺陷位置进行准确的定位。之后再提取缺陷位置附近的切向分量与法向分量信号进行李萨如图形合成，完成对缺陷损伤的定量检测。

　　因此，针对输送带钢绳芯的金属磁记忆检测，可先行利用定性检测的方法确定被测构件的缺陷位置，再针对缺陷位置附近的漏磁场进行定量检测。李萨如图形闭合区域面积作为磁记忆信号的定量分析特征，闭合区域面积越大，磁记忆损伤系数 σ 也随之增大，应力集中等缺陷程度也越严重。相应的，若不存在应力集中等缺陷，李萨如图形会是一条不闭合的曲线。利用该检测方法，实现了输送带钢绳芯的金属磁记忆定量检测。

3.4　矿用输送带钢绳芯缺陷检测试验

3.4.1　试验设备介绍

　　试验采用厦门爱德森生产的 EMS-2003 智能化磁记忆/涡流检测仪，如图 3-14 所示。

图 3-14　EMS-2003 智能化磁记忆/涡流检测仪

　　磁记忆检测仪配带的传感器有笔试探头、4 路传感器、8 路四轮小车传感器和 2 路两轮小车传感器，都是通过采集磁记忆信号的法向分量实现对缺陷的检测。本次试验中主要采用 2 路两轮小车传感器，见图 3-15。

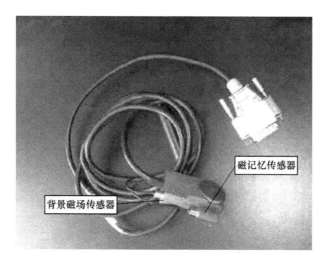

图 3-15　2 路两轮小车传感器

该传感器有两个霍耳传感器组成，其中：上面的一个为背景磁场传感器，负责采集环境磁场信号；下面的一个为磁记忆传感器，负责磁记忆信号的检测和采集。该传感器上还有可逆光电编码器，由小轮带动产生触发脉冲采集信号。

3.4.2　试验材料

试验对象采用某矿废弃主输送带为研究对象，该输送带为 ST5000 型钢绳芯输送带，宽 2000 mm，钢绳芯直径为 10.9 mm，上覆盖层和下覆盖层均为 8.5 mm。该输送带使用时间 6 个月后，因纵向撕裂而报废。试验对象选取两端的输送带接头部分，一段输送带上有明显的"起泡"现象痕迹，长约 1800 mm，宽约 150 mm，内含 7 根钢绳芯；另外一段输送带表面完整无受损迹象，长约 1800 mm，宽约 100 mm，内含 4 条钢绳芯。此外，还从输送带中截取一段非接头区的输送带，长约 1800 mm，宽约 70 mm，内有钢绳芯 4 根。其中有一根钢绳芯发生部分断裂，其他钢绳芯完好。图 3-16 为钢绳芯损伤处的 X 照片。

图 3-16　钢绳芯损伤处的 X 照片

3.4.3 试验步骤

（1）将检测对象同一方向水平放置，并给检测对象编号，窄的为 1 号，接头表面完好的为 2 号，有起泡痕迹的为 3 号，在输送带上沿钢绳芯的位置绘制检测直线，如图 3-17 所示；

（2）选用双通道两轮小车传感器检测；

（3）开启磁记忆检测仪并对其进行参数设置与传感器校准；

（4）采集三条输送带的磁记忆信号；

（5）关闭仪器，分析试验数据。

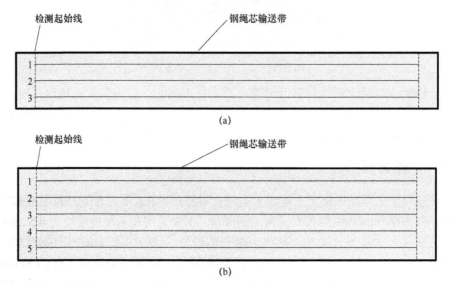

图 3-17　检测对象的检测线绘制图

（a）1 号对象；（b）2 号和 3 号对象。

3.4.4 试验结果分析

1. 矿用输送带钢绳芯部分断裂检测信号分析

国内学者认为，磁记忆的过零值点判断应力集中区的方法并非最佳方法，在实际应用中，磁场梯度最大值往往对应应力集中线，以磁场梯度大小为评判规则比以过零值点为评判规则更具优越性[40]。

由于环境磁场等多种因素的影响，造成应力集中区过零点这一规则不准确，而环境磁场对磁场梯度的影响不是很大，因此，主要靠寻找梯度最大值来确定和评判应力集中区。

如图 3-18 所示为有钢绳芯断裂拉伤的 1 号输送带的磁记忆检测中背景磁场传感器测得的环境磁场信号；图 3-19 为沿试验前所画的三条检测线检测所得的信号

图。图中曲线 1 表示磁场强度，曲线 2 表示磁场梯度。上述信号皆为去除环境磁场前的信号图，去除环境磁场后的信号图如图 3-20 所示。

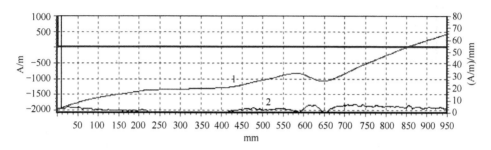

图 3-18　背景磁场信号图

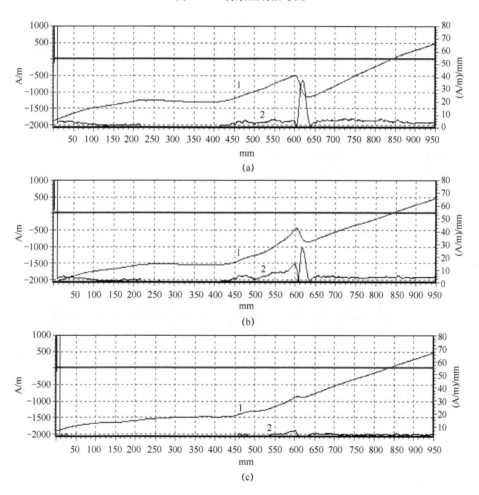

图 3-19　1 号输送带的原始信号

（a）1 号线检测信号图；（b）2 号线检测信号图；（c）3 号线检测信号图。

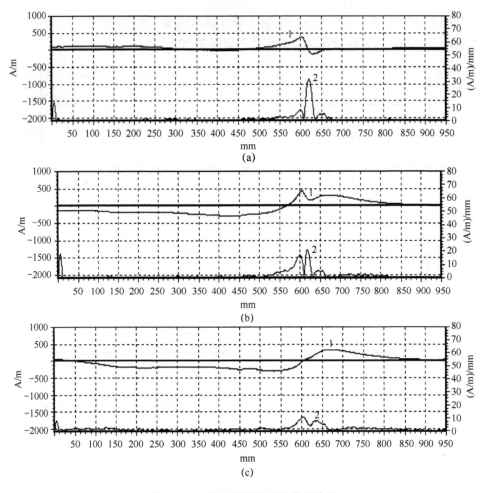

图 3-20 去除环境磁场后的检测信号

（a）1 号线检测信号图；（b）2 号线检测信号图；（c）3 号线检测信号图。

对比图 3-19 和图 3-20 磁记忆信号去除环境磁场前后，信号的改变很大。去除环境磁场后，在 1 号检测线、2 号检测线和 3 号检测线的梯度最大值附近出现了过零点，而 3 号检测线信号中更是出现较大波动，主要是环境磁场测量的准确性的原因。比较去除背景磁场前后，信号梯度值的大小变化不大。因此，在干扰较小的试验室环境中用梯度最大值来评判应力集中区是可靠的。

从图 3-20 中可以看出，沿 1 号检测线和 2 号检测线的磁记忆信号曲线中，在相同位置 650mm 处出现较大信号波动和梯度最大值，根据应力集中的评判规则可以判定，在 1 号和 2 号线的该位置处存在应力集中区，即此处钢绳芯存在缺陷。而 3 号线的检测信号上不存在应力集中区（忽略信号尾部因传感器提离而造成的信号波动）。矿用输送带的多根钢绳芯是纵向并列分布的，对钢绳芯的检测常采用阵列式传感器。通过各路传感器信号的横向和纵向的综合比较，就可以判断钢绳芯的损伤数量和程度。

2. 矿用输送带接头检测信号分析

1）未出现抽动的接头检测信号

如图 3-21 所示，为磁记忆传感器沿检测线测得的 5 路信号曲线。在这些信号中，分别在 3 号线、4 号线和 5 号线中都出现了磁场梯度最大值，根据应力集中区的评判依据可以确定在这些位置存在应力集中区。而出现应力集中区的位置正是距钢绳芯绳头较近的位置。

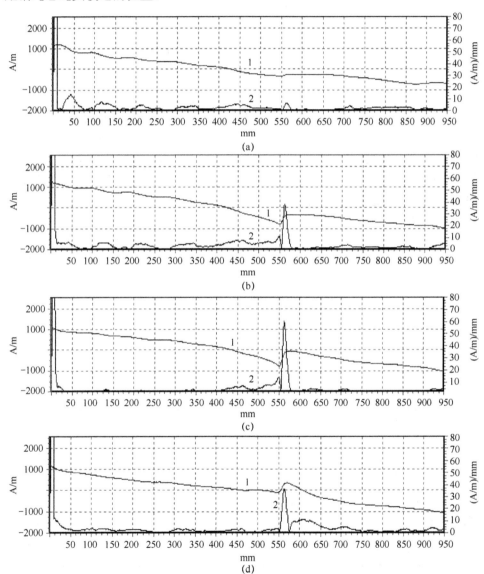

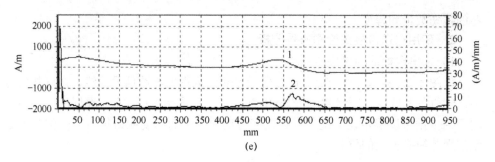

（e）

图 3-21　正常接头检测信号

（a）1 号线检测信号；（b）2 号线检测信号；（c）3 号线检测信号；（d）4 号线检测信号；（e）5 号线检测信号。

2）发生抽动的接头检测信号

图 3-22 所示为发生抽动现象的接头检测信号。与正常输送带对比，输送带在450～550mm 之间出现起泡的现象。发生起泡的原因是钢绳芯抽动时带动橡胶鼓起变形。因此，在正常黏合区与脱胶区边界处所受的力最大，而钢绳芯与橡胶之间的力的传递是通过橡胶与钢绳芯外层钢丝黏合的剪切作用来实现的，该处钢绳芯最外层钢丝所受到的应力最大，从而形成应力集中区。从图 3-22 中可以发现在钢绳芯起泡的边缘处出现应力集中区。

这些数据表明，即使在正常的没有发生抽动的接头中的钢绳芯也存在着应力集中区。这是因为在输送带接头部位，钢绳芯是相互搭接的形式，而其中力的传递是靠钢绳芯与橡胶之间的黏合力来传递的，再由于接头制作过程中造成的材料分布不均，从而使得该部位极易产生应力集中现象。当其应力大于钢绳芯与橡胶

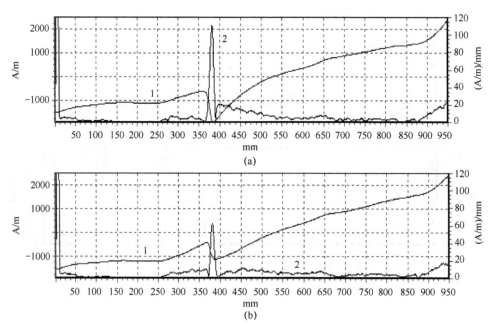

（a）

（b）

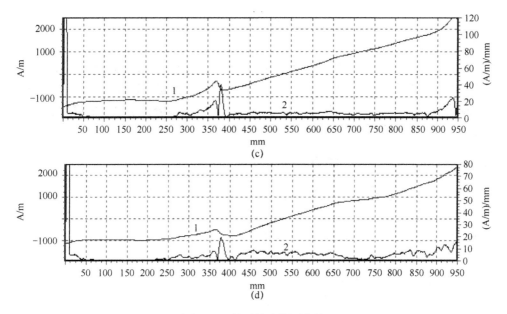

图 3-22　抽动接头检测信号

（a）1 号线检测信号；（b）2 号线检测信号；（c）3 号线检测信号；（d）4 号线检测信号；（e）5 号线检测信号。

之间的最大黏合力时，就会使钢绳芯与橡胶脱离，继而发生抽动现象。这是一个缓慢过程，而在这个过程中随着钢绳芯所受应力的增大，应力集中程度也会逐渐增大。通过检测接头部位应力集中区的应力集中程度，可以提前检测到抽动的发生，即：当梯度值大于阈值时，钢绳芯就可能发生抽动。

同时，在输送带接头中，并不是所有的钢绳芯同时抽动，而是部分钢绳芯首先抽动[41]。因而，发生抽动的区域内，出现多根钢绳芯上出现应力集中现象或应力集中程度增加（梯度值增加）的现象。因此，通过传感器阵列中多路传感器的综合检测，可以实现接头区域的识别和危险程度的评估。

3.4.5　试验总结

（1）通过上述检测试验发现，由于受环境磁场等因素的影响，单独通过过零点特征来判断应力集中区是不准确的，以磁场梯度大小为评判依据比以过零值点为评判依据更具优越性。

（2）通过钢绳芯拉伤检测发现，可以由梯度值的大小判断钢绳芯的断裂程度，并不是磁记忆信号的梯度值越大钢绳芯的断裂程度就越大。因为测得的钢绳芯的磁场信号是由其内部钢丝的磁场信号组成的，而当钢丝断裂后能量得以释放而造成磁场信号的减小，也就是说，磁记忆信号取决于未断钢丝的应力集中程度。

（3）在正常的输送带接头处的钢绳芯也存在应力集中区，而应力集中程度继续增大就会发生抽动现象。因此，通过对接头处应力集中区的检测，可以实现对接头抽动的早期诊断。

3.5 矿用输送带磁记忆信号处理

在矿用输送带钢绳芯磁记忆检测中，由于磁记忆信号是弱的磁场信号，很容易受到周围环境磁场的干扰，进而影响检测效果，因此必须选择有效的信号处理方法来实现弱信号的提取。在 3.4 节试验的基础上，本节分析了磁记忆信号的处理方法。

3.5.1 钢绳芯磁记忆信号的空间—频率特性

磁记忆检测采集的漏磁场信号受检测速度的影响不大，因为它是天然的磁场自然散射在铁磁性构件上的。因此，磁记忆信号只有在空间域中才能得到真实的反映，即漏磁信号是关于构件表面空间位置的函数，而不是时间函数，通常称这类信号为空间域信号。

矿用输送带钢绳芯磁记忆检测中噪声信号的主要来源有：测量噪声；输送带抖动而产生的干扰信号；输送带表面橡胶覆盖层、输送带支撑架和托辊等产生的噪声信号。研究表明，测量噪声主要是高频分量，对应小尺度；其他两种因素产生的噪声信号主要为低频分量，对应大尺度。

钢绳芯磁记忆信号的频率特性可以通过傅里叶变换对其进行频域分析。图 3-23 为在线检测实现中采集的一段磁记忆信号及其利用傅里叶变换进行的频谱分析。

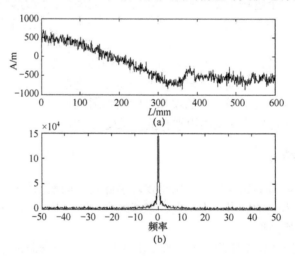

图 3-23　信号频谱分析

（a）原始信号；（b）频谱图。

由图 3-23 中可以发现，磁记忆信号的能量主要集中在信号的低频部分。金属磁记忆信号属于具有局部非平稳性的随机信号，因此选用具有局部的时频分析特性的小波分析来实现处理和特征信号提取。

3.5.2 小波分析理论

此处以 Matlab 软件及小波工具箱为平台来实现对矿用输送带钢绳芯磁记忆信号的研究分析。小波变换的概念是在 1974 年由法国工程师 J.Morlet 提出的，与传统的信号处理方法如傅里叶变换相比，它是一个时间和频率的局部变换，被誉为"数学显微镜"，具有多分辨分析的特点，能够根据信号的具体形态动态调整时间窗和频率窗。这样的特点使得它能够检测到正常信号的瞬态，能够有效地从信号中提取信息。

1. 小波基函数

小波，即小区域的波，是一种特殊的长度有限或快速衰减且平均值为零的波形。小波函数的定义为：设函数 $\psi(t)$ 平方可积，即 $\psi(t) \in L^2(R)$，如果其傅里叶变换 $\psi(\omega)$ 满足

$$C_\psi = \int_R \frac{|\psi(\omega)|^2}{|\omega|} \mathrm{d}\omega < \infty \qquad (3-21)$$

则称 $\psi(t)$ 为一个小波母函数或基本小波函数，简称为母小波。

由以上定义可知，小波具有在时域和频域的局部性，还具有正负交替的"波动性"，即直流分量为零[42]。

将母函数 $\psi(t)$ 经伸缩和平移后，得

$$\psi_{a,\tau}(t) = \frac{1}{\sqrt{|a|}} \psi(\frac{t-\tau}{a}) \quad a(\tau \in R\ ;\ a > 0) \qquad (3-22)$$

式中：a 为尺度因子；τ 为时移因子；$\psi_{a,\tau}(t)$ 为小波基函数，简称为小波基。

对小波的尺度伸缩是对其做沿时间轴的压缩与伸展，而时间平移则是其沿时间轴的平行移动。当小波进行不同大小的尺度伸缩时，尺度 a 越大则其持续时间越长，波形宽度越大，而其幅值会越小，但波形保持不变。小波基是由母小波经过伸缩、平移而来的，因此小波基同样具有在时域和频域上的局部性。

在对信号经行处理的过程中，小波基的窗口面积是保持不变的，其形状会随伸缩尺度的变化而变化。而在小波基中伸缩尺度 a 的大小与其频率 ω 有一定的对应关系，即：a 越小，ω 越大；反之，a 越大，ω 越小。由此可知，小波基在时域和频域的分辨率是不会同时提高的。

2. 连续小波变换

对于给定函数 $f(t) \in L^2(R)$，其连续小波变换（WT）定义为

$$WT_f(a,\tau) = |a|^{-\frac{1}{2}} \int_{-\infty}^{\infty} f(t)\overline{\psi}(\frac{t-\tau}{a})\mathrm{d}t = \int_{-\infty}^{\infty} f(t)\overline{\psi_{a,\tau}}(t)\mathrm{d}t = \langle f(t), \psi_{a,\tau} \rangle \qquad (3-23)$$

式中：$\overline{\psi_{a,\tau}}(t)$ 为函数 $\psi_{a,\tau}(t)F(\Omega)$ 的共轭函数；$WT_f(a,\tau)$ 为函数 $f(t)$ 的小波变换系数。由式（3-23）亦可以看出，小波变化也可以解释为函数 $f(t)$ 和小波基函数的内积。母小波可以是实函数，也可以是复函数。若 $f(t)$ 是实函数，$\psi(t)$ 也是实

59

函数，则$WT_f(a,\tau)$也是实函数；反之，$WT_f(a,\tau)$为复函数。

$WT_f(a,\tau)$的小波逆变换为

$$f(t) = \frac{1}{C_\psi} \int_0^\infty \int_{-\infty}^\infty \frac{1}{|a|^2} WT_f(a,\tau)\overline{\psi}(\frac{t-\tau}{a})\mathrm{d}a\mathrm{d}\tau \tag{3-24}$$

令$f(t)$和$\psi(t)$的傅里叶变换分别为$F(\Omega)$和$\Psi(\Omega)$，则由傅里叶变换的性质可知$\psi_{a,\tau}(t)$的傅里叶变换为

$$\Psi_{a,\tau}(\Omega) = \sqrt{a}\Psi(a\Omega)\mathrm{e}^{-\mathrm{j}\Omega b} \tag{3-25}$$

由 Parseval 定理，式（3-22）可以表达为

$$WT_f(a,\tau) = \frac{1}{2\pi}\langle F(\Omega), \Psi_{a,\tau}(\Omega) \rangle = \frac{\sqrt{a}}{2\pi} \int_{-\infty}^{+\infty} F(\Omega)\overline{\Psi}(a\Omega)\mathrm{e}^{-\mathrm{j}\Omega b}\mathrm{d}\Omega \tag{3-26}$$

式（3-24）即为小波变换的频率表达式。

3. 离散小波变换和二进小波变换

离散小波变换通常是通过离散连续小波变换中尺度因子a、时移因子τ实现的。通常取

$$a = a_0^j \ (a_0 > 0 \text{ 且 } a_0 \neq 1, \ j \in Z) \tag{3-27}$$

$$\tau = ka_0^j\tau_0 \ (a_0 > 0 \text{ 且 } a_0 \neq 1; \ \tau_0 \in R, \ k, j \in Z) \tag{3-28}$$

将式（3-26）和式（3-27）代入式（3-22）中，得

$$\psi_{a,\tau}(t) = \frac{1}{\sqrt{\left|a_0^{-j}\right|}}\psi(a_0^{-j}t - k\tau_0) \ (k, j \in Z) \tag{3-29}$$

这时的小波函数称为离散小波。相应的离散小波变换为

$$WT_f(j,k) = \langle f(t), \psi_{j,k}(t) \rangle = \int_{-\infty}^{+\infty} f(t)\psi_{j,k}(t)\mathrm{d}t \tag{3-30}$$

其逆变换为

$$f(t) = C \sum_{j=-\infty}^{+\infty} \sum_{k=-\infty}^{+\infty} W_f(j,k)\psi_{j,k}(t) \tag{3-31}$$

式中：C为一常量，与信号无关。

当取$a_0 = 2$，$\tau_0 = 1$时，就可以得到二进小波$\psi_{a,\tau}(t)$为

$$\psi_{a,\tau}(t) = \frac{1}{\sqrt{\left|2^{-j}\right|}}\psi(2^{-j}t - k) \ (k, j \in Z) \tag{3-32}$$

相应的小波变换即为二进小波变换。

由式（3-32）可看出，二进小波只对伸缩因子a离散化，而保留了时移因子的连续性。在对信号进行处理时，二进小波可通过对j值的调节，来实现对信号的放大或缩小。j越大则对信号的放大作用就越大，越能显示微小的细节信号；反之，则可显示信号的整体信号。

4. 多分辨率及 Mallat 算法

空间 $L^2(R)$ 中的一个子空间序列 $\{V_j\}_{j \in z}$ 为一个（二进）多分辨率分析，如果该序列满足下列条件。

（1）单调性。对任意的 $j \in Z$，有 $V_j \subseteq V_{j-1}$。

（2）逼近性。$\bigcap_{j \in z} V_j = \{0\}$，$\overline{\bigcup_{j \in z} V_j} = L^2(R)$。

（3）伸缩性。$f(t) \in V_j \Leftrightarrow f(2t) \in V_{j+1}$，$\forall j \in Z$。

（4）平移不变性。$A\|f(t)\|_2^2 \leqslant \sum_{k=-\infty}^{+\infty} |c_k|^2 \leqslant B\|f(t)\|_2^2$，$\forall k \in Z$。

（5）Riesz 基存在性。存在 $\varphi(t) \in V_0$，使得 $\{\varphi(t-k)\}_{k \in Z}$ 构成 V_j 的 Riesz 基，即函数序列 $\{\varphi(t-k)\}_{k \in Z}$ 线性无关，且存在常数 A 和常数 B 满足 $0 < A \leqslant B < +\infty$，使得对任意的函数 $f(t) \in V_0$，总存在序列 $\{c_k | k \in Z\} \in l^2$ 使得

$$f(t) = \sum_{k=-\infty}^{+\infty} c_k \varphi(t-k) \tag{3-33}$$

$$A\|f(t)\|_2^2 \leqslant \sum_{k=-\infty}^{+\infty} |c_k|^2 \leqslant B\|f(t)\|_2^2 \tag{3-34}$$

则称 φ 为尺度函数，φ 生成 $L^2(R)$ 的一个多分辨率分析 $\{V_j\}_{j \in z}$。

根据以上多分辨分析的定义可知，函数 $\varphi(t)$ 经过伸缩和平移得到序列集合，即

$$\{\varphi_{j,k}(t) = 2^{-j/2} \varphi(2^{-j}t - k) | j, k \in Z\} \tag{3-35}$$

构成了 V_j 的一组规范正交基[43]。其中：函数 $\varphi(t)$ 称为多分辨分析上的一个尺度函数；V_j 称为尺度子空间或逼近子空间，有 $V_j \subseteq V_{j+1}$。

对于函数 $f(t) \in L^2(R)$，在空间 V_j 上的正交投影分解为

$$P_j f(t) = \sum_{k \in Z} < f \ \varphi_{j,k} > \varphi_{j,k}(t) = \sum_{k \in Z} C_{j,k} \cdot \varphi_{j,k}(t) \ (j \in Z) \tag{3-36}$$

其中：$P_j f(t)$ 为尺度为 2^j 时对信号 $f(t)$ 的逼近，代表信号中的低频部分。随着 j 的下降，$P_j f(t)$ 对 $f(t)$ 的逼近就会越来越精确。

由于 $V_j \subseteq V_{j+1}$，则存在 V_j 在 V_{j+1} 中的正交补空间 W_j，使得

$$f_j(t) = \sum_k c_k^l \psi_{l,k} \in W_l \tag{3-37}$$

同样，存在小波函数 $\psi(t)$，它的伸缩和平移构成 W_j 空间的一组规范正交基，记为

$$\{\psi_{j,k}(t) = 2^{-j/2} \psi(2^{-j}t - k) | j, k \in Z\} \tag{3-38}$$

式中：W_j 为小波子空间

对于 $L^2(R)$ 的任意子空间 V_j，有

$$V_j = V_{j-1} \oplus W_{j-1} = V_{j-2} \oplus W_{j-2} \oplus W_{j-1} = \cdots = V_m \oplus W_m$$
$$\oplus W_{m+1} \oplus \cdots \oplus W_{j-1} \ (m \leqslant j) \tag{3-39}$$

从而，V_j 空间中任意函数 f_j 都存在多分辨率分析，即

$$f_j = f_{j-1} \oplus d_{j-1} = f_{j-2} \oplus d_{j-2} \oplus d_{j-1} = \cdots = f_m \oplus d_m$$
$$\oplus d_{m+1} \oplus \cdots \oplus d_{j-1} \ (m \leqslant j) \tag{3-40}$$

$$f_l(t) = \sum_k c_k^l \varphi_{l,k} \in V_l \quad (l=m, \cdots, j) \tag{3-41}$$

$$d_l(t) = \sum_k c_k^l \psi_{l,k} \in W_l \quad (l=m, \cdots, j) \tag{3-42}$$

$$f_j(t) = \sum_k c_k^l \varphi_{l,k}(t) = \sum_k c_k^{j-1} \varphi_{j,k}(t) + \sum_k d_k^{j-1} \psi_{j,k}(t) \tag{3-43}$$

式中：$f_l(t)$ 和 $d_l(t)$ 分别表示函数 f_j 的低频部分和不同分辨率下的高频成分。

在式（3-40）和式（3-41）两边同时与 $\varphi_{j-1,k}$ 作内积，由 φ 和 ψ 及其二进制伸缩和平移的正交特性，可得

$$c_k^{j-1} = \sum_n c_n^j \langle \varphi_{j,k}(t), \varphi_{j-1,k} \rangle = \sum_n c_n^j h_{n-2k}^* \tag{3-44}$$

同理，可得

$$c^j = (Uc^{j-1})^* h + (Ud^{j-1})^* g \tag{3-45}$$

同时对式（3-42）两边与 $\varphi_{j-1,k}$ 做内积，得

$$c_k^j = \sum_n c_n^{j-1} \langle \varphi_{j,k}(t), \varphi_{j-1,k} \rangle + \sum_n c_n^{j-1} \langle \varphi_{j,k}(t), \psi_{j-1,k} \rangle = \sum_n c_n^{j-1} h_{n-2k}^* + \sum_n c_n^{j-1} g_{n-2k}^* \tag{3-46}$$

式中：$\{h_k\}_{k \in Z}$ 为正交尺度函数的二尺度方程对应的滤波器系数序列，可以将其看做低通滤波器；$\{g_k\}_{k \in Z}$ 可以看做高通滤波器。离散小波变换的 Mallat 算法为

$$\begin{cases} c^{j-1} = D(c^j * \overline{h^*}) \\ d^{j-1} = D(c^j * \overline{g^*}) \end{cases} \tag{3-47}$$

$$s(n) = f(n) + \sigma e(n) \tag{3-48}$$

式中：$\overline{h^*}$ 为滤波器 h 的共轭反转；$c^j * \overline{h^*}$ 为 c^j 和 $\overline{h^*}$ 之间的卷积；Uc^{j-1} 为序列 c^{j-1} 的二元上抽样；$D(c^j * \overline{h^*})$ 为 $c^j * \overline{h^*}$ 的二元下抽样；U，D 为二元上、下抽样算子。小波分解与重构的迭代过程见图 3-24。相应的二通道滤波器组表示见图 3-25。

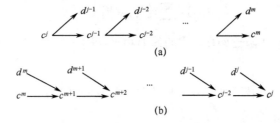

图 3-24 小波分解与重构迭代示意图

（a）分解过程；（b）重构过程。

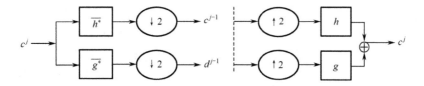

图 3-25　小波分解与重构的二通道滤波器组示意图

3.5.3 磁记忆信号的去噪

1. 小波去噪原理

在工程实践中，一般认为噪声信号的模型为

$$s(n) = f(n) + \sigma e(n) \qquad (3\text{-}49)$$

式中：n 为采样时间点；σ 为噪声系数（强度）；$f(n)$ 为有用信号；$e(n)$ 为噪声信号；$s(n)$ 为污染信号。信号去噪的过程就是抑制噪声信号 $e(n)$、恢复有用信号 $f(n)$ 的过程。

总的来说，在实际中有用信号通常是一些低频或较平稳的信号，而噪声信号则通常对信号的高频部分产生影响。噪声在小波分析中有以下特性：

（1）若 $e(n)$ 为平稳的白噪声信号，其均值为零，则其小波分解中的小波系数是高度不相关的。

（2）若 $e(n)$ 为高斯噪声，则其小波分解中的小波系数同样是高斯分布且是独立的。

（3）若 $e(n)$ 为有色、零均值且平稳的高斯噪声序列，则其小波分解中的小波系数同样是高斯序列。

（4）若 $e(n)$ 为含噪声的有用信号，则噪声主要表现在各尺度信号的高频部分。

在对信号进行小波分析的过程中，经过不同尺度的分解，信号分解为多个不同频段的信号分量。噪声信号在分解的过程中，其在高频细节分量上的幅值会随分解层数的增加而减小。小波变换属于线性变换，含噪信号的小波系数可以表示为有用信号和噪声信号的小波系数之和。因此，小波分析通过有用信号与噪声信号小波分解后小波系数的性质不同来实现对噪声信号的减弱或消除。

2. 小波去噪方法

小波分析在不断发展和应用中，根据噪声信号和有用信号分解所表现出的不同特性而延伸出多种不同的去噪方法，大致可以分为三类：模极大值去噪法、相关性去噪法和阈值去噪法[44,45]。模极大值去噪法，首先对含噪信号进行小波分解，噪声信号和有用信号的模极大值则会随尺度增大而表现出恰好相反的变化规律，因此可辨别并去除噪声信号的模极大值，然后重构；相关性去噪法是对含噪信号进行小波分解，然后计算相邻尺度分量之间的相关系数，若其值小于设定值则去除该分量，然后重构；阈值去噪法是对含噪信号小波分解后对其高频分量进行阈值量化，然后重构。阈值去噪法又可分为硬阈值和软阈值两种去噪方法，其中：硬阈值是将高频分量中系数绝对值大于或等于阈值的量令其不变，小于阈值的则令其为零；软阈值与硬阈值的不同之处在于将那些绝对值大于或等于阈值的系数进行了一定规律的收缩处理。三种方法各有其优点和不足，见表 3-1，其中阈值去噪法为应用最为广泛的去噪方法。

常用的阈值函数有：

$$\text{硬阈值函数为 } \eta(\omega)=\begin{cases} \omega\,(|\omega|\geqslant T) \\ 0\,(|\omega|<T) \end{cases}$$

$$\text{软阈值函数为 } \eta(\omega)=\begin{cases} [\text{sign}(\omega)]\,(|\omega|-T)\,(|\omega|\geqslant T) \\ 0\,(|\omega|<T) \end{cases}$$

式中：ω 为原始小波系数；$\eta(\omega)$ 为阈值量化后的小波系数；T 为阈值。

阈值函数如图 3-26 所示。横坐标表示信号的原始小波系数，纵坐标表示阈值化后的系数。

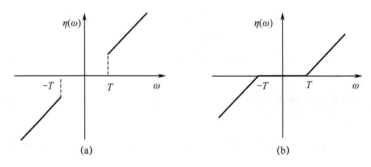

图 3-26　硬、软阈值函数图

(a) 硬阈值函数；(b) 软阈值函数。

表 3-1 列出了上述 3 种去噪方法的比较结果。

表 3-1　3 种去噪方法定性比较结果

去噪法 特点	模极大值去噪方法	相关去噪方法	阈值去噪方法
计算量	大	较大	小
稳定性	稳定	较稳定	依赖于信噪比
去噪效果	较好	较好	好
适用范围	低信噪比信号	高信噪比信号	高信噪比信号

小波去噪的基本步骤如下。

(1) 信号的小波分解。选定小波基函数以及分解层数，然后进行分解计算。

(2) 小波分解高频系数的阈值量化。选择一个阈值对各个尺度下的高频系数进行阈值量化处理。

（3）小波重构。根据小波分解的最低层低频系数和经过阈值量化的各高频系数进行小波重构。

在这三个步骤中，最关键的是第（2）步中阈值的确定及量化。选择的阈值不合适会直接影响信号的去噪效果，若选择的阈值过小则无法去除噪声；过大则会在去除噪声分量的同时，连同一些信号分量一起被去除，而使得信号重建后出现较严重的失真现象。阈值分为软阈值和硬阈值，两者相比较而言，软阈值去噪具有较好的视觉质量和数学特性，所以一般选择软阈值量化处理。

3. 阈值选择

阈值选择的准则如下。

（1）无偏似然估计准则。给定一个阈值 T，得到它的似然估计，然后将非似然阀值 T 最小化，就可得到所需阈值[46]。

（2）固定阈值准则。设目标信号的长度为 N，则阈值 $T = \sqrt{\lg(2N)}$。

（3）混合准则。它是上述两个准则的综合。若符合设定条件时，选用固定阈值准则确定阈值；否则，取两者中较小者为准则确定阈值。

（4）极大极小准则。它也属于固定阈值选择的形式。将去噪信号假设为未知回归函数的估计量，则极大极小估计量可实现在最坏条件下最大均方误差最小。

图 3-27 为使用 Matlab 小波工具箱采用 db5 小波 6 层分解下不同阈值准则确定的阈值对磁记忆信号的去噪效果。在此采用输出性噪比[47]来评价区噪效果，即

$$\mathrm{SNR}_{out} = 20\lg\left(\frac{\mathrm{std}\big(s(i)\big)}{\mathrm{std}\big(\hat{s}(i) - s(i)\big)}\right) \tag{3-50}$$

式中：$s(i)$ 为原始信号；$\hat{s}(i)$ 去噪后的信号；$\mathrm{std}(\cdot)$ 表示离散序列的标准差；SNR_{out} 为输出性噪比。

从图 3-27 中可以看出：固定阈值准则和混合准则的去噪效果比较好，信号比较光滑；而极大极小准则和无偏似然估计准则的去噪效果较差，信号出现毛刺，且不光滑。利用式（3-49）计算图 3-27（a）和图 3-27（b）的信噪比分别为 11.6008 和 12.2104。图 3-27（b）的信噪比大于图 3-27（a）的信噪比，因此，选择混合准则来确定阈值对磁记忆信号进行去噪处理。

4. 小波基的选取

小波有许多种具有不同特性的基函数，使得对不同信号小波分解时可以选用不同的小波基。而当对磁记忆信号进行小波分析所选用的小波基不同时，分析出来的结果也会存在很大差异。若选择不当，信号中的某些特征就有可能削弱或消失，对后续信号的特征检测造成困难。

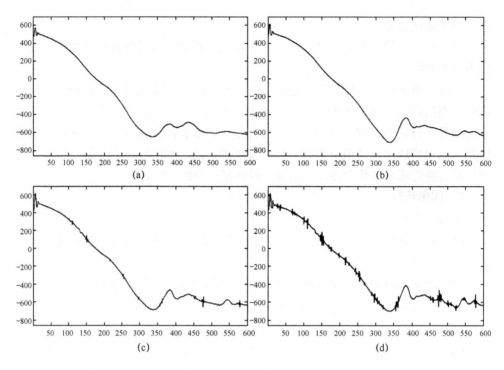

图 3-27 4种阈值原则的去噪结果

（a）固定阈值准则；（b）混合准则；（c）极大极小准则；（d）无偏似然估计准则。

小波基选择时考虑的因素主要有：时频窗口要小，且最好中心在零位；高消失距；紧支撑集；正交性；对称性；正则性。

然而，找到完全满足上述条件的小波基函数是几乎不可能的，在应用过程中常用小波基与信号相似程度的大小来作为小波基选择的标准。因此，在对钢绳芯的磁记忆信号进行小波分析时，在尽量多满足上述 6 个条件的同时，可以通过比较与磁记忆信号的相似性来选择基函数。其具体方法为：分别利用备选的小波基函数对信号进行小波变换，然后相互比较小波系数的大小，小波系数越大则其对应的基函数的相似性越高，反之则越小。另外，磁记忆信号属于弱信号，要求基函数具有较高的分辨率，因此选择尺度较小的小波基。选择合适的小波基函数对信号进行分解后，与小波基函数相似的磁记忆特征信号的高频分量会在对应缺陷的位置集结且具有较高的幅值，便可实现磁记忆特征信号的检测与提取。

表 3-2 为一些常用小波和具有的相关性质。

根据以上原则选择 Haar 小波函数、Symlet 小波、Daubechies（db5）小波函数和 BiorNr.Nd 双正交小波函数，对磁记忆信号进行不同层次分解去噪比较。图 3-28 为磁记忆信号利用各个小波函数 6 层分解采用 Heuristic SURE 软阈值去噪结果，并通过计算去噪后各自的输出信噪比来比较去噪效果的优劣。

表 3-2 小波性质表

性质 \ 小波	Haar	Mexico	Daubechies（dbN）	Morlet	Coifletx	Meyer	Symlet	BiorNr.Nd
紧支撑正交	√		√		√		√	
紧支撑双正交								√
对称	√	√		√		√		√
不对称			√					
近于对称					√		√	
正交分解	√		√		√	√	√	
双正交分解	√		√		√	√	√	√
精确重构	√		√	√	√	√		√
有限滤波器	√		√		√		√	√
快速算法	√		√		√		√	√
显式	√	√		√				样条小波

注：√ 表示此种小波具有对应的性质

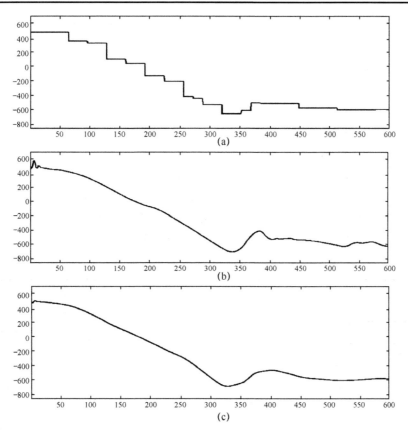

(a)

(b)

(c)

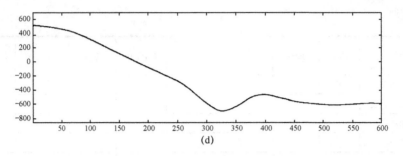

图 3-28　不同小波函数的去噪结果

（a）Haar 小波去噪结果；（b）db5 小波去噪结果；（c）Sym6 小波去噪结果；（d）Bior5.5 小波去噪效果。

表 3-3 为利用不同小波基去噪后的输出信噪比。从表中可以看出，采用 db5 小波去噪所得到的信噪比最高，去噪效果最好。

表 3-3　不同小波去噪的信噪比

小波函数	Haar 小波	db5 小波	Sym6 小波	Bior5.5 小波
信噪比	12.0074	12.1636	11.5349	11.1333

5. 小波分解层数的确定

小波分析是将信号的不同频率段的信号分解到不同的尺度空间，同时反映信号的时域和频域特征。而分解层数对信号的去噪效果具有很大的影响，通常分解层数满足

$$\text{Level} < \log_2(N/L) \tag{3-51}$$

式中：Level 为分层数；N 为信号点数；L 为小波基有限支撑长度。

表 3-4 为不同小波在不同分层数的情况下的去噪效果对比。从表 3-4 中可以看出，随着分层次数的增加，信噪比逐渐降低，分层过高会去除有用的高频信息，造成信息流失，而且在不同层数分解去噪中 db5 的信噪比都是最大，因此采用 db5 小波去噪是合适的。下面以 db5 小波为对象分析其分解 4 层和 5 层的去噪效果，从表 3-4 中可以看出分解 4 层的信噪比比分解 5 层的信噪比大，图 3-29 为不同层数分解去噪效果。

表 3-4　不同层数分解的去噪效果

小波基 ＼ 分层数	4 层	5 层	6 层	7 层
Haar 小波	12.0399	12.0074	12.0074	12.0039
db5 小波	12.6106	12.2104	12.1636	12.1466
Sym6 小波	12.4641	11.9100	11.5349	11.5161
Bior5.5 小波	12.3675	11.6267	11.1333	11.0772

图 3-29 为 db5 小波不同层数分解去噪效果，从图中可以看出 db5 小波采用分 4 层分解去噪比用 5 层分解去噪的效果好一些，它保留了更多原始信号中的细节信息。

综上所述，通过分析研究采用不同小波基函数、分层数和阈值选择方法对磁记忆信号的去噪方法，比较各自去噪后的信噪比，观察去噪后信号的光滑程度，结果表明：小波基选用 db5 小波，分 4 层分解，根据混合原则确定阈值，采用软阈值去噪方法对钢绳芯磁记忆信号的去噪效果最好。

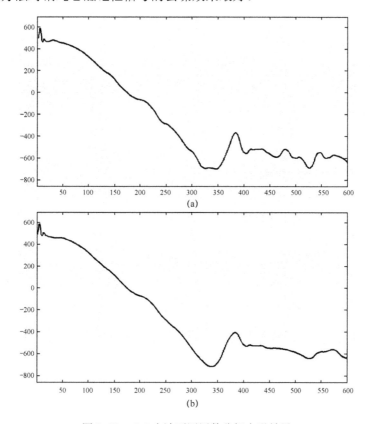

图 3-29　db5 小波不同层数分解去噪效果

（a）db5 小波 4 层去噪效果；（b）db5 小波 5 层去噪效果。

3.5.4　磁记忆信号的特征提取

在钢绳芯磁记忆检测中，由于钢绳芯应力集中区（缺陷）的存在，会在缺陷表面产生漏磁场，而使其与相邻区域的磁信号的形态大不相同，应力集中区内的信号变化剧烈，出现加大的能量波动与能量聚集现象，且在应力集中线前后其磁场发生梯度变化，使得在该处出现奇异点。这些现象都可作为磁记忆信号的特征来识别和评判应力集中区。

1．信号的奇异值

在信号中有用信息往往体现在信号的突变点或突变区域中。在磁记忆信号中其突变点的奇异程度往往会反映出应力的最大集中程度，而突变点的位置也对应着应力集中的位置。

在数学上，常用 Lipschitz 指数（李氏指数）来定量描述函数的奇异性，同样它也可以用于对信号奇异性的描述。Lipschitz 指数的定义为：给定信号 $x(t)$，若存在常数 $K>0$ 及 n 阶多项式 $P_{t_0}(t)$，使得

$$\left|x(t)-P_{t_0}(t)\right| \leqslant K\left|t-t_0\right|^{\alpha} \ (n<\alpha<n+1) \tag{3-52}$$

则称 $x(t)$ 在 t_0 处具有李氏指数 α。

式（3-51）中，$P_{t_0}(t)$ 为信号 $x(t)$ 在 t_0 处的 n 阶泰勒多项式。若 $x(t)$ 在 t_0 处一次可微且一阶微分有界，则 $x(t)$ 在 t_0 处具有李氏指数 $1\leqslant\alpha<2$，斜坡函数 $r(t-t_0)$ 即为这种情况；若 $x(t)$ 在 t_0 处不可微，则在该处的 α 小于 1，如阶跃函数 $u(t-t_0)$ 在 t_0 处不连续，其 $\alpha=0$。也就是说，若 $x(t)$ 在 t_0 处的可微次数越高，相应的 α 越大，在该处就越平滑；在 t_0 处的 α 小于 1，则 $x(t)$ 在该处不连续，是奇异的。

2. 小波变换与李氏指数

小波变换与信号的李氏指数有着密切的关系。小波变换的局部奇异性可定义为：设小波 $\varphi(t)$ 为连续可微函数，其衰减速率在无限远处为零。当 t 在区间（m，n）时，若 $x(t)$ 满足

$$\left|WT_x(a,\tau)\right| \leqslant Aa^{\alpha} \ (\forall a\in R^{+}, \ A\text{为常数}) \tag{3-53}$$

则 $x(t)$ 在区间（m，n）中的李氏指数均为 α，$\left|WT_x(a,\tau)\right|$ 为信号 $x(t)$ 小波变换的模。

当为二进制小波变换时，即令 $a=2^j$，式（3-52）就变为

$$\left|WT_x(2^j,\tau)\right| \leqslant A(2^j)^{\alpha} \tag{3-54}$$

两边同时取对数，得

$$\log_2\left|WT_x(2^j,\tau)\right| \leqslant \log_2 A + \alpha j \tag{3-55}$$

进而可以估算出奇异性指数 α，即

$$\alpha \approx \left(\frac{\ln\beta_{j+n}-\ln\beta_j}{\ln 2^j - \ln 2^{j+n}}\right)i \ (n=1, \ 2, \ 3, \ \cdots) \tag{3-56}$$

式中：β_j 为不同尺度 j 下小波变换的模极大值。

由式（3-52）可以得出：若 $x(t)$ 在 t_0 处的 $\alpha>0$，β_j 会随着尺度 j 的增大而增大；若 $x(t)$ 在 t_0 处的 $\alpha<0$，β_j 会随着尺度 j 的增大而减小；若 $x(t)$ 在 t_0 处的 $\alpha=0$，β_j 不随着尺度 j 的变化而变化。由此可以看出，小波变换的模极大值与尺度之间的关系可以用来考察信号的特征（光滑或突变）。

综上所述，当磁记忆信号利用小波分析来检测应力集中区所产生的突变点时，会在各尺度分量上出现一个局部的模极大值点，并且会随尺度减小而逐渐在该点处收敛。该点的位置即为应力集中区的位置。因此，磁记忆信号中应力集中区的特征信号可通过检测小波变换中的模极大值来识别，并且可以利用模极大值和尺度的关系计算出李氏指数，由此可以判断出应力集中程度即损伤程度。

3. 小波分析对磁记忆信号的检测与特征提取

在矿用输送带钢绳芯故障检测中，可以通过检测磁记忆信号中的突变点，识别应力集中区的位置，计算突变点的奇异程度，进而判断应力集中程度。由于在输送带中接头钢绳芯抽动和断裂都会引起应力集中的现象，应力集中区的存在使得输送带表面出现漏磁场，使得检测信号的对应位置出现信号突变，通过对这些突变点的检测便可实现对钢绳芯抽动或断裂缺陷的检测。

图 3-30 为钢绳芯接头区没有发生抽动的磁记忆信号。图 3-31 为该信号采用 db5 小波 4 层分解过程。

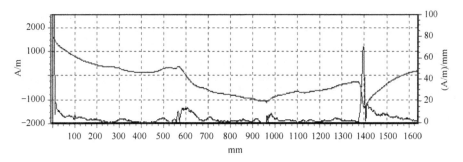

图 3-30　未发生抽动的磁记忆信号

（曲线 1 为磁场曲线，曲线 2 为梯度曲线）

如图 3-31 所示，在信号中的 900mm 和 1400mm 两个位置附近存在奇异点，表 3-5 为检测结果奇异性指数检测结果。

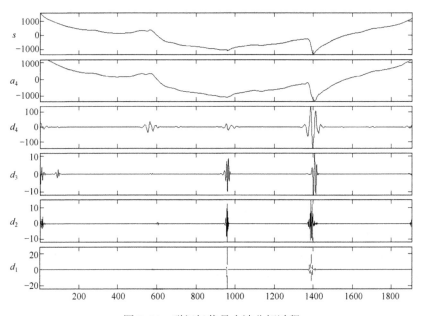

图 3-31　磁记忆信号小波分解过程

表 3-5　奇异性指数和梯度值对照表

位置/mm	959	1392
梯度值/（(A/m) /mm)	10.357	70.032
奇异值	0.1963	0.8243

由磁记忆检测判据可知，在 1392mm 处出现较强漏磁信号，而在 959mm 处不存在漏磁信号。959mm 处奇异点的奇异值接近于 0，是由于传感器较大抖动而造成的阶跃信号。所以，通过比较可以得出，在矿用输送带钢绳芯的磁记忆检测信号中，应力集中区的磁信号必然是奇异点，而存在奇异点的位置不都是由应力集中区而造成的。因此，应力集中区的判断还需结合其他磁记忆信号的特征来评判。

4. 磁记忆信号的其他特征量

目前磁记忆检测技术是确定应力集中区的位置和应力集中程度最基础的方法。它是莫斯科动力诊断公司提出的：法向分量过零点来确定应力集中区位置，法向分量的磁场梯度值来评价应力的集中程度。在 2004 年鞍山无损检测会议上，俄罗斯专家又提出：不是过零点的位置也可能是应力集中区，主要寻找梯度极大值的区域。

经过长期的研究和实践，许多学者认为单个指标对应力集中区的评价太过片面，需多指标来共同衡量，如峰峰值、差分超限、短时能量和梯度值等。

1）信号峰峰值 ppo

峰峰值是局部异常信号的波峰与波谷之间幅值之差的绝对值，如图 3-32 所示，其计算方法为

$$ppo = \max[x(m)] - \min[x(m)] \tag{3-57}$$

式中：$\max[x(m)], \min[x(m)]$ 为一对相邻极值。

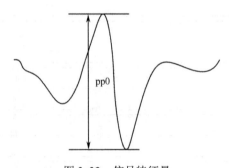

图 3-32　信号特征量

2）差分超限 D

应力集中区信号在信号峰值前后会有很大其变化率，其局部累计绝对差分值会高于正常磁记忆信号。于是，可以用绝对差分值移动求和来判断应力集中区，即

$$D = \sum_{i}^{n} T[y(m_i)] \tag{3-58}$$

式中：n 为移动求和窗口的大小；$T[y(m_i)]$ 为非线性函数，即

$$T[y(m_i)] = c|x(m_i) - x(m_i - 1)| \tag{3-59}$$

$$c(t) = \begin{cases} 1(t \geqslant th) \\ 0(t < th) \end{cases} \tag{3-60}$$

式中：th 为门限阈值，必须根据具体试验而定。

3）短时能量 S

短时能量是指信号在大约一个捻距内或一个波动内的能量，相当于该信号的短时二阶原点矩。短时能量反映了在一定空间内产生漏磁的能量，具有较为明确的物理意义。漏磁能量增大，表明相应位置附近存在缺陷。短时能量可表示为

$$S = \sum_{m}^{N} x(m)^2 \tag{3-61}$$

图 3-33 为钢绳芯磁记忆信号的短时能量分布。

4）短时波动能量 S_w

短时波动能量是指信号在大约一个波动内或一个捻距内的短时二阶中心矩。它反映了在一定空间内漏磁波动部分的能量或信号的离散程度，若其增大则表明信号在该范围内有较大波动，可能有缺陷存在。若扣除信号的均值，则对信号的波动更加敏感。短时波动能量可表示为

$$S_w = \sum_{m}^{N} \{x(m) - \min(x(m))\}^2 \tag{3-62}$$

若 $\min(x(m))$ 更换为 $\mathrm{mean}(x(m))$，则可能过滤掉直流信号的影响，效果更好。

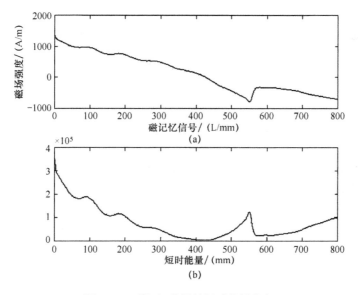

图 3-33　磁记忆信号的短时能量分布

（a）磁记忆信号；（b）短时能量。

表 3-6 为某试验中矿用输送带钢绳芯的应力集中区的磁记忆信号所对应的上述指标的计算结果。

表 3-6 磁记忆评价指标

缺陷 特征	1 号缺陷	2 号缺陷	3 号缺陷	4 号缺陷
梯度值 K	38.497	60.4306	60.436	70.032
李氏指数 α	1.0805	1.0601	1.0524	0.8243
峰峰值 pp0	462	710	735	1155
差分超限值 D	6.53	19.23	19.47	26.44

从表 3-6 磁记忆检测的应力集中区的各项指标数据统计中可以看出，随着梯度值的增大，李氏指数逐渐减小，峰峰值和差分超限值则逐渐增大。其中，差分超限值反映的是磁记忆突变的整体特性或者能量特性，比最大梯度值指标更具全局性。

综上所述，通过对矿用输送带钢绳芯磁记忆信号的研究，提出磁记忆特征信号的检测方法：首先，对信号进行小波去噪处理；然后，进行奇异性检测并设定李氏指数阈值，定位奇异点位置，确定应力集中区；最后，联合上述多个指标对应力集中区进行评价，划分钢绳芯缺陷的危险程度。

3.6 磁记忆传感器及检测装置的设计

在金属磁记忆检测中，磁记忆传感器的性能将直接影响检测的结果。金属磁记忆检测的是金属构件的微弱漏磁场信号，故测磁传感器应具有较高的灵敏度。另外，磁记忆检测是由漏磁场的切向分量与法向分量来判断损伤缺陷位置，因此，测磁传感器还应具有一定的方向敏感性，以便准确测量切向分量与法向分量。

3.6.1 磁敏传感器的选择

磁敏传感器是通过电磁作用将被测磁场能量转换成电信号的一种传感器。磁敏传感器根据其应用的原理不同可以分为很多种类，常用的磁敏传感器有：霍耳传感器，磁阻传感器，磁电感应传感器，磁敏二极管，磁敏三极管，磁通门等。从原理上来说，以上磁敏传感器均可以检测金属磁记忆信号，但应综合考虑各传感器的特性进行选择，以满足磁记忆检测传感器所需要的敏感性和方向性。磁敏传感器的选型通常综合考虑以下几个方面[48]：

（1）灵敏度。应根据所检测的对象和检测方法，选择最优的敏感元件。对于输送带钢绳芯磁记忆检测，其传感器的灵敏度应符合被检测磁场的要求，同时尽可能地满足信号不失真的传输与抗干扰的要求。

（2）空间分辨率。磁记忆检测信号为空间域信号，空间分辨率表征了测量元件的敏感区域，对于不同的方向，其空间分辨率会有所不同。因此，测量所选用的敏感元件应具有一定的空间分辨率以满足测量的要求。

（3）信噪比。磁记忆检测中，信噪比为磁记忆漏磁场信号与环境磁场信号幅度之比，所选用的测量元件具有较高的信噪比。

1. 霍耳传感器

霍耳传感器是基于霍尔效应的一种传感器。霍耳效应是指当载流子垂直于外磁场通过导体时，在导体垂直于载流子运动方向与外磁场的两个端面之间会出现电势差的现象。

霍耳传感器通过检测磁场变化，将其转变为电信号，可在各种与磁场有关的场合中使用。霍耳元件在静止状态下，具有感受磁场的独特能力，并且具有结构简单、体积小、噪声小、频率范围宽、动态范围大（输出电势变化范围可达 1000:1）、寿命长等特点，因此广泛应用于测量技术、自动控制和信息处理等领域。

在磁记忆检测中，要求测磁传感器具有灵敏度高和方向敏感性好的特性，而霍耳传感器的灵敏度一般不能满足对微弱磁记忆信号测量的要求，不适合作为磁记忆检测的磁场测量传感器。

2. 磁阻传感器

磁阻传感器是基于磁阻效应的一种传感器。磁阻效应是指某些金属或半导体的电阻值会随着外加磁场变化而变化的现象。磁场中运动的载流子因受到洛仑兹力的作用而发生偏转。载流子运动方向的偏转将会增大电阻。磁场越强，增大电阻的作用就越强。而这种金属或半导体的电阻会受到外加磁场的影响，并随着外加磁场的增加而不断增大的现象，称为磁阻效应。磁阻效应的产生机理与霍耳效应相似，同样是由于载流子在运动时受到磁场中的洛仑兹力影响而产生。

磁阻效应是伴随霍耳效应同时发生的一种物理效应。当温度恒定时，在弱磁场范围内，磁阻与磁感应强度 B 的平方成正比。对于只有电子参与导电的最简单的情况，理论推出磁阻效应的表达式为

$$\rho_B = \rho_0(1 + 0.273\mu^2 B^2) \qquad (3-63)$$

式中：B 为磁感应强度；μ 为电子迁移率；ρ_0 为零磁场下的电阻率；ρ_B 为磁感应强度为 B 时的电阻率。

设电阻率的变化为 $\Delta\rho = \rho_B - \rho_0$，则电阻率的相对变化为

$$\Delta\rho = 0.273\rho_0\mu^2 B^2$$

可见，当磁场为定值时，电子迁移率高的材料磁阻效应明显。锑化铟和砷化铟等半导体的载流子迁移率都很高，很适合制作各种磁敏电阻元件。例如，由锑化铟制造的磁阻元件在 0.3T 磁场中的电阻值，约为无磁场时的 3 倍以上，因此可以得

到比其他材料更大的电阻值变化。

常见磁阻元件结构如图 3-34 所示。

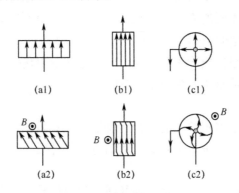

图 3-34　磁阻元件结构图

磁阻元件通常制作为长方形片或圆形片。在磁场的影响下，磁阻元件内电子运动轨迹发生偏移，电子运动路径增长，表现为磁阻元件电阻值的增大。而在三种结构中，第二种长型结构的电子运动路径增加最多，磁阻效应最为明显，这种由于磁阻元件的几何尺寸变化引起磁阻大小变化的现象称为形状效应。

磁阻传感器和霍耳传感器在很多情况下具有共同的应用范围。然而，霍尔电压只有毫伏数量级（也有几百毫伏的），而磁阻元件却能给出伏级的信号。另外，与霍耳元件相比，磁阻元件只有两个电极，所以制备和使用都很方便。

3.　磁电感应传感器

磁电感应式传感器是利用电磁感应原理将被测量磁信号转换成电信号的一种传感器。它的工作不需要电源，就能把被测对象的机械量转换成易于测量的电信号，是一种有源传感器。由于它输出功率大，且性能稳定，具有一定的工作带宽（10～1000 Hz），所以一般不需要高增益放大器，可广泛用于建筑、工业等领域中振动、速度、加速度、转速、转角、磁场等参数的测量。与霍尔传感器相似，磁电感应式传感器同样在弱磁场测量方面有着一定的不足，不宜用于金属磁记忆检测。

3.6.2　各向异性传感器

由上面的介绍可知，在多种磁场测量传感器中，磁阻传感器在弱磁场测量方面有着巨大的优势，非常适合用于磁记忆检测，但其对磁场的方向敏感性仍有所欠缺。各向异性磁阻传感器很好地解决这一问题。

1.　各向异性磁电阻效应

物质的各向异性是指某些物理性质会随度量方向的改变而发生变化的现象。各向异性磁阻传感器作为磁阻传感器的一个分支，其原理依然是利用磁阻效应测量磁场，但其特点为磁阻效应在不同的测量方向上发生了明显的变化，表现为磁阻效应的各向异性。

各向异性磁阻效应在铁磁性物质（如铁、钴、镍等金属及其合金）中表现明显，具体表现为：当外加磁场与物质的内部磁化方向一致时，其电阻值受外加磁场变化的影响很小；但当外加磁场与内部的磁化方向不一致时，其电阻值会随外加磁场的变化而发生明显的变化。目前磁阻元件一般是通过半导体工艺，将一种长薄形状的坡莫（Ni-Fe）合金沉积在硅衬底上，并分布形成条状的合金薄膜带（如图 3-35 所示）。该合金薄膜带在有电流通过时，如果出现瞬时磁场的影响，薄膜内部磁区会在外磁场的作用下沿磁场方向重新排列，使得电流与磁化方向的夹角出现变化，并引起磁电阻薄膜磁阻率的变化。

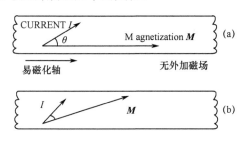

图 3-35　各向异性磁电阻效应原理图

坡莫合金电阻的长度方向为易磁化轴。与易磁化轴垂直的方向称为难磁化轴，又称为敏感轴。设磁阻传感器所测量的磁场矢量为 M，其与薄膜电阻的电流之间夹角为 θ。坡莫合金薄膜的电阻率 ρ 由磁场矢量与薄膜电阻电流之间的夹角 θ 所决定，可具体表示为

$$\rho(\theta) = \rho_\perp \sin^2 \theta + \rho_\parallel \cos^2 \theta = \rho_\parallel + \left(\rho_\parallel - \rho_\perp\right)\cos^2 \theta \qquad (3\text{-}64)$$

式中：$\rho_\perp$ 为磁场矢量与电流方向垂直时薄膜的电阻率；$\rho_\parallel$ 为磁场矢量与电流方向平行时薄膜的电阻率。

由式（3-63）可知，当磁场矢量 M 与电流强度 I 为定值时，坡莫合金薄膜的电阻率 ρ 唯一决定于磁场矢量与薄膜电阻电流之间的夹角 θ。在电流方向与磁场方向平行时，薄膜电阻率达到最大；而当电流方向与磁场方向垂直时，薄膜电阻率最小。磁阻传感器通常以电阻率的相对变化量来表示磁阻的大小，而由坡莫合金所制成的磁阻传感器，因其电阻率对所测量的磁场表现出了强烈的各向异性，其电阻率的相对变化量即磁阻也会比一般的磁阻传感器大很多，因此更适合于对微弱磁场的测量。

2. 各向异性磁阻传感器的基本原理

各向异性磁阻传感器是由若干个坡莫合金薄膜电阻单元所构成。薄膜电阻单元由坡莫合金磁电阻带与电极两部分组成，其中电极位于薄膜电阻单元两端。传感器基本结构如图 3-36 所示。

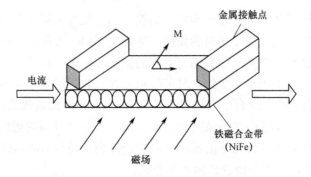

图 3-36　各向异性磁阻传感器结构图

坡莫合金电阻带的长度远远大于其宽度，这就保证了电流是沿长度方向即易磁化轴方向进行流动。当没有外加磁场时，磁阻传感器的电阻率不会发生变化。而当出现外加磁场后，电阻率会随磁场矢量与易磁化轴方向的夹角变化而变化。磁阻变化率随磁场与电流夹角变化的关系如图 3-37 所示。

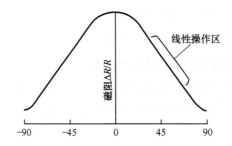

图 3-37　磁阻变化率随磁场与电流夹角变化的关系曲线

图 3-37 横轴显示为磁场与电流的夹角，纵轴为磁阻传感器的磁阻变化率。由图 3-37 可知，当磁场与电流夹角 θ 为 0°即电流方向与磁化方向平行时，传感器最为敏感；而当电流方向与磁化方向垂直时，传感器最不敏感。实际应用中，若只依靠坡莫合金带的物理特性，各向异性磁阻传感器的线性输出能力通常不能满足要求，因此一般都会利用外加磁场或电流对其进行偏置，以达到线性输出的目的，可以有效增加在弱磁场环境下传感器的灵敏度，增大线性操作区的范围。

在各向异性磁阻效应中，磁化强度方向和载流子运动方向的相对位置关系变化引起了电阻的改变，因此传感器应根据电阻的变化而做出输出响应。而惠斯通电桥即是通过将电阻的变化转化为电压的变化实现输出的测量。设偏置磁场 H 与各向异性磁电阻 R_1 和 R_3 的夹角为 θ，则 H 与 R_2 和 R_4 的夹角即为 $(90° - \theta)$，惠斯通电桥如图 3-38 所示。

由图 3-38 可知

$$R_1(\theta) = R_3(\theta) = \rho_\perp \sin^2 \theta + \rho_= \cos^2 \theta \qquad (3\text{-}65)$$

$$R_2(\theta) = R_4(\theta) = \rho_\perp \cos^2 \theta + \rho_= \sin^2 \theta \qquad (3\text{-}66)$$

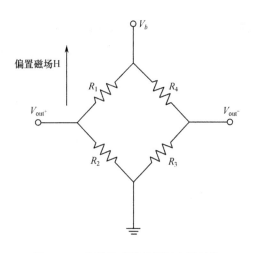

图 3-38 磁阻传感器惠斯通电桥结构

输出电压 V_{out} 为

$$V_{out} = V_{out^+} - V_{out^-} = \frac{V_b}{R_1 + R_2} R_2 - \frac{V_b}{R_3 + R_4} R_3 = V_b \cdot \frac{\rho_\perp - \rho_=}{\rho_\perp + \rho_=} \cdot \cos 2\theta \qquad (3\text{-}67)$$

式中：$\rho_\perp$ 为磁场矢量与电流方向垂直时薄膜的电阻率；$\rho_=$ 为磁场矢量与电流方向平行时薄膜的电阻率。

由此可见，被测磁场引起的 θ 的变化可以转化为输出电压而表现出来，这样就将磁信号转变成了电信号。通常各向异性磁阻传感器均是采用电桥结构作为磁场测量单元，而由于 4 个桥臂的电阻具有相同的温度系数，温度的影响可由电桥结构相互抵消，起到了温度补偿的作用[49]。

各向异性磁阻传感器不仅继承了磁阻传感器的特有优点，还具有灵敏度高、体积小等特性，更重要的是其具有对磁场的方向敏感性，能够实现对某一特定方向上磁场的测量。

3.6.3 磁记忆检测装置设计

在目前常见的磁场测量传感器中，只有各向异性磁阻传感器符合金属磁记忆检测中所要求的对弱磁场检测的敏感性和对磁场的方向性要求，故选择其作为磁记忆传感器的基本磁场测量单元。

根据漏磁场矢量分解的原理，传感器设计需要分别测量三个轴向的磁场强度。利用三个单轴磁阻传感器，可搭建一个三轴磁阻传感器，测量磁记忆漏磁场信号；利用位移传感器，测量传感器测量所经过的路程。磁记忆检测装置系统方案如图 3-39 所示。

1. 磁记忆信号测量模块设计

霍尼韦尔公司生产的 HMC 系列各向异性磁阻传感器具有高灵敏度、体积小、抗电磁干扰能力强等优点，性能可靠，主要应用于弱磁场信号的测量。最大特点是设计有方向磁敏感轴，可以测量磁场在敏感轴方向上的大小。因此，除了在弱磁场测量方面具有优越的性能外，还广泛用于电子罗盘、导航系统、位置测量、医疗仪器等领域中[50]。

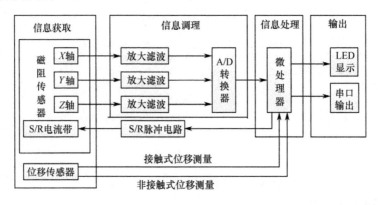

图 3-39　磁记忆检测装置原理框图

霍尼韦尔公司的产品 HMC5883 是一种表面贴装的高集成模块，并带有数字接口的弱磁场传感器芯片。其测量部分选用 3 个高分辨率磁阻传感器 HMC1021 实现对磁场的三轴测量，并附带有放大器、自动消磁驱动器、偏差校准、12bit 模数转换器和 I^2C 总线接口。各向异性磁阻传感器保证了其在三测量轴向上具有高灵敏度和线性高精度的特点，测量范围可达 8 高斯（Gauss），最低可分辨 5 毫高斯的磁场，磁记忆磁场强度 H_p 在 300~500A/m，约为 3.76~6.28Gs（$1A/m = 4\pi \times 10^{-3}Gs$），能够满足对磁记忆信号检测的要求。测量时，保证其中一轴与切平面垂直，另外两轴即自然与切平面形成平行状态。垂直切平面轴可直接测出漏磁场法向分量，对另两轴的测量值进行矢量合成，即可得到漏磁场切向分量。

磁阻传感器 HMC1021 是磁场测量的关键单元，它是一个单磁阻轴传感器，设计有一个敏感轴，可测量磁场在该敏感轴方向上的大小。内部测量磁场部分是由 4 个 600~1200Ω 的磁阻臂组成的惠斯通电桥，并配有一组置位/复位电流带[51]。

对传感器进行复位/置位操作后，通过惠斯通电桥即可对磁场进行检测。在输出范围内，其输出电压和被测磁场强度呈线性关系。在被测磁场作用下，磁阻变化可引起输出电压的变化，其关系可表示为

$$\Delta V_{\text{out}} = V_b \cdot \frac{\Delta R}{R} = S \cdot V_b \cdot B \tag{3-68}$$

式中：S 为传感器的灵敏度；B 为所测磁场强度；V_b 为传感器的供电电压。

传感器在置位/复位之后的输出曲线如图 3-40 所示。

HMC1021 传感器的置位/复位功能由一组特殊的磁耦合电流带实现。通常情况下，弱磁场测量传感器在使用过程中其检测信号会逐渐减弱，这是由于外部磁场的干扰所引起的。为减少这种影响和最大化信号输出，可以在磁阻电桥上应用磁开关切换技术，消除历史磁场对测量的影响。置位/复位电流带的目的就是把磁阻传感器

恢复到磁场的高灵敏度状态，如图 3-41 所示。当一个脉冲电流通过置位电流带后将产生一个强磁场，此磁场可以重新将磁畴区域统一到一个方向上，这样能够确保传感器的高灵敏度和可重复读数[52]。复位电流亦可以实现这一作用，其区别只是改变了传感器输出的极性。如果不出现干扰磁场，这种磁区域可以保持数年。

15
10
5
0
−5
−10
−15
−20
1021/1022
V_b=5V
复位
置位
2次扫描
−2
−1
0
1
2
磁场 (Oe)

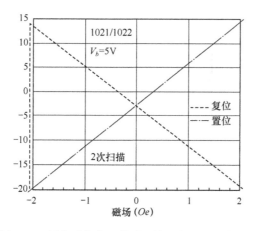

图 3-40　置位或复位后传感器输出与磁场强度曲线

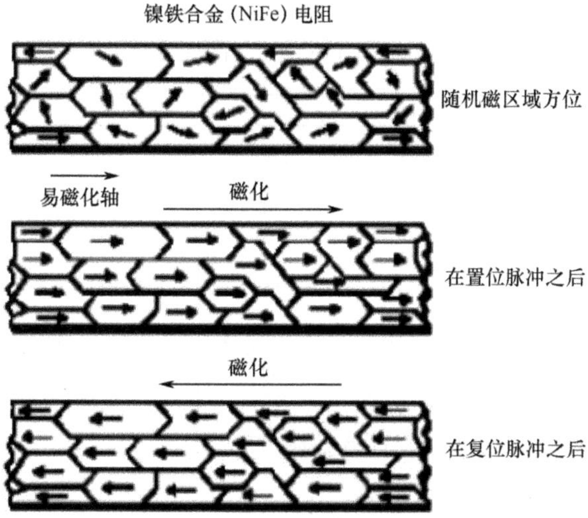

镍铁合金 (NiFe) 电阻
随机磁区域方位
易磁化轴
磁化
在置位脉冲之后
磁化
在复位脉冲之后

图 3-41　磁阻传感器的磁畴分布

置位/复位电流带可以保证传感器以高灵敏度模式工作，并且具有翻转输出相应曲线极性的能力，在传感器的 S/R+和 S/R−端通过一个大电流脉冲信号，可以让传感器内部磁畴重新沿敏感轴方向有序分布。由于 3 块芯片性能完全相同，可令脉冲电流依次通过 3 块芯片的 S/R+和 S/R−端，一次性对 3 块芯片进行复位，从而恢复到灵敏度和准确度最高的原始状态，并且减少温度漂移、非线性错误等对测量信号的影响。

HMC5883 采用 16 引脚封装，其引脚配置如图 3-42 所示，箭头方向表示三侧磁敏感轴方向。在复位之后，可分别测得在三轴方向上磁场的大小。其内部原理示意图如 3-43 所示。

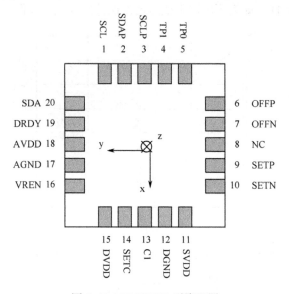

图 3-42　HMC5883 引脚配置

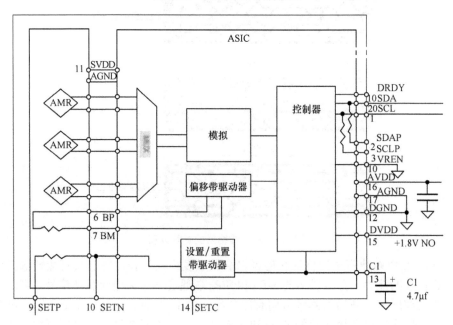

图 3-43　HMC5883 内部原理图

磁阻传感器使用 3.3V 电压供电，并通过 IIC 接口与其他设备通信，采用单电源供电设计，整体外围电路设计如图 3-44 所示。利用传感器内部的配置寄存器、模式寄存器、状态寄存器和数据输出寄存器可对传感器实现测量模式、测量范围、测量精度等关键数据的设置以及对所测量数据进行读取。传感器内部寄存器的地址均为 8bit，寄存器列表如表 3-7 所列。

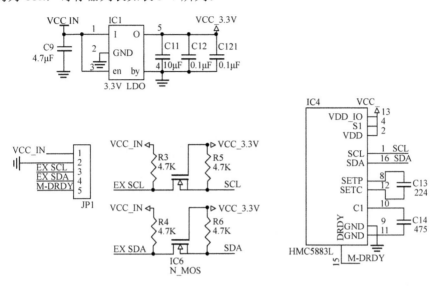

图 3-44　磁阻传感器外围电路设计

表 3-7　HMC5883 内部寄存器列表

寄存器地址	名称	访问
00	配置寄存器 A	读/写
01	配置寄存器 B	读/写
02	模式寄存器	读/写
03	数据输出 X MSB 寄存器	读
04	数据输出 X LSB 寄存器	读
05	数据输出 Y MSB 寄存器	读
06	数据输出 Y LSB 寄存器	读
07	数据输出 Z MSB 寄存器	读
08	数据输出 Z LSB 寄存器	读
09	状态寄存器	读
10	识别寄存器 A	读
11	识别寄存器 B	读
12	识别寄存器 C	读

2．位移测量模块设计

位移测量模块设计分为两种工作模式：一种为表面接触式，适用于检测表面平整的物件；另一种为非表面接触式，适用于检测表面不平整或存在异物的物件。

表面接触式位移测量模块由欧姆龙 E6A2-CW5C 增量式光电编码器、测距传动轮和解码模块 JC-11 组成。增量式光电编码器结构简单、体积小、精度高、响应速度快,适合应用于位移测量系统中。解码模块 JC-11 如图 3-45 所示。

图 3-45　JC-11 解码模块

当测距传动轮在被测物体表面滚动时,带动编码器转轴旋转并由码盘给出 AB 两相正交脉冲,之后通过解码模块对脉冲做出解码并传回单片机。位移的长度由编码脉冲个数与测速传动轮外径计算得出。编码器信号线 A 相 B 相接入解码器相应引脚,解码器即可输出脉冲信号以及方向信号,编码器正转输出 1,反转输出 0。其工作示意图如图 3-46 所示。

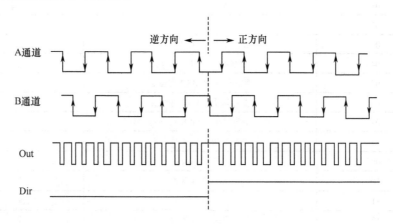

图 3-46　解码模块工作示意图

非表面接触式位移测量模块选用了 HY-SRF05 超声波测距模块,通过连续测量距离并进行运算得出所运动的位移。检测时需在传感器运动方向前方放置一平整挡板,测距模块如图 3-47 所示。HY-SRF05 测距模块可以提供 2～450cm 范围内的非接触式距离测量，测量精度可达 1mm。

图 3-47　HY-SRF05 测距模块

给测距模块通过至少 10ms 的高电平触发信号之后，模块会自动发送 8 个 40kHz 的方波，并自动检测是否有信号返回。当有信号返回时，测距模块输出一个高电平，高电平持续的时间即为超声波发射到返回的时间，测试距离=（高电平时间×声速）/2。其内部超声波时序图如图 3-48 所示。

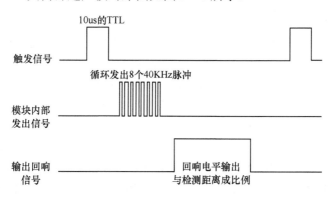

图 3-48　测距模块超声波时序图

综上所述，在分析了磁敏传感器的基础上，根据李萨如图形检测判据的方向敏感性要求和磁记忆信号微弱的特点，选用各向异性磁阻传感器作为基本磁场测量单元并设计了磁记忆检测装置，通过矢量合成的方法提取磁记忆信号的切向分量与法向分量。

3.7　矿用输送带的金属磁记忆检测

本节在试验室环境下，使用 3.6 节所设计的金属磁记忆检测装置，对矿用输送带进行了磁记忆检测的信号采集试验。

3.7.1 矿用输送带磁记忆检测的信号采集试验

1. 试验原理

在磁记忆信号采集装置的准备上，选择了 3.6 节所述的磁记忆三轴检测装置。以磁记忆三轴磁阻传感器为采集芯片，测量时可通过总线接口将所测得的数据传回单片机并进行保存，测量结束后将数据上传至上位机中进行数据结果的处理与分析。检测装置可测量矿用输送带的切向分量与法向分量，应用李萨如图形检测判据与杜波夫检测判据相结合的输送带钢绳芯检测方法，对输送带钢绳芯进行金属磁记忆定量检测。

2. 试验平台与检测装置

在试验室环境下搭建矿用输送带故障检测平台上进行金属磁记忆检测试验。检测输送带选用某煤矿已报废的矿用输送带，输送带具体参数如表 3-8 所列。

表 3-8 输送带参数

输送带宽度/mm	输送带长度/m	钢绳芯最大直径/mm	钢绳芯间距/mm	钢绳芯根数	接头类型
1400	1060	6	20	66	3 级接头

在磁记忆信号采集装置的准备上，选择 3.6 节所述的磁记忆三轴检测装置。以磁记忆三轴磁阻传感器为采集芯片，测量时可通过总线接口将所测得的数据传回单片机并进行保存，测量结束后将数据上传至上位机中进行数据结果的处理与分析。应用李萨如图形检测判据与杜波夫检测判据相结合的检测方法，对输送带钢绳芯进行金属磁记忆定量检测。

试验选择厦门爱德森公司研发的 EMS-2003 型磁记忆检测仪对输送带钢绳芯进行冗余测量。该仪器只使用磁记忆的法向分量与梯度值作为检测判据，故其只能对矿用输送带缺陷损伤位置做出判断。该检测仪配备有单通道传感器、双通道传感器与四通道传感器并配有测距小轮，可迅速对输送带进行大范围的检测，可与磁记忆三轴检测装置共同确定输送带损伤位置。

3. 试验方法与检测步骤

由于磁记忆检测试验在试验室条件下进行，环境磁场是相对恒定的大地磁场。试验开始之前，应先使用磁阻传感器检测装置对大地磁场进行测量，并将数据保存。试验中所测得的磁记忆数据应减去大地磁场，以减小地磁场对磁记忆信号检测时的干扰。由于试验是在试验室环境下进行，因此没有考虑环境噪声的干扰，采集信号具有一定的局限性。若在煤矿现场使用，则需要对测量信号进行消噪处理。

磁记忆检测试验为离线试验，使用两种检测仪器对输送带表面进行扫描式测量。提离高度选择为 3mm，沿钢绳芯方向移动测量探头，以相对恒定的速度进行检测。由于在检测过程中检测装置很难做到以恒定速度运动，故检测时采用空间域等距采样法，以避免因传感器运动速度不均匀造成的采样点分布不均匀现象。

使用 EMS-2003 型磁记忆检测仪对矿用输送带进行快速检测，传感器探头使用单通道式，使用空间域采样法，时钟设置为外时钟，可通过传感器配备的测距小轮提供测量脉冲与检测长度的数据。将选择好的带小轮的单通道传感器在已经搭建好的矿用输送带上行走，即可采集磁记忆信号。若在行走过程中经过输送带故障缺陷部位，仪器会发出警报，由此可大致确定故障位置。对采集好的信号进行保存，之后将数据传回电脑进行处理与分析。针对所确定的故障位置，使用三轴磁阻传感器检测仪对该位置附近区域进行二次测量，传感器测量移动方向依然选择沿钢绳芯方向，传感器输出速率选择为 75Hz，同样使用空间域采样法，采样间隔为 0.5mm，测量脉冲由测距传感器提供。将所测得的三轴磁场信号进行保存，测量结束后将数据上传回电脑进行处理与分析。

3.7.2 矿用输送带磁记忆测量信号的分析处理

试验结束后，对采集回的数据进行处理与分析，共发现两处疑似损伤缺陷位置，现对该位置的磁记忆检测信号进行进一步处理与分析。

疑似故障位置（1）处的法向分量与梯度值图如图 3-49 所示。

由图 3-49 可以看出，法向分量 $H_p(y)$ 出现了明显的反相且过零点现象。而在此过零点位置，梯度 K 值出现了明显的极大值。根据传统的杜波夫检测判据与梯度检测判据，即可判断在此位置输送带出现了损伤缺陷。其中，法向分量反相且过零和梯度 K 值极大值在距检测起点位置 3400mm 处出现，可知在此处区域钢

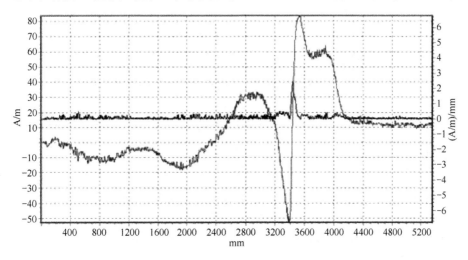

图 3-49　磁记忆信号法向分量与梯度曲线

绳芯内部出现了应力集中现象，在之后的使用过程中，此处较其余区域更易产生断裂。根据小波模极大值的磁记忆信号奇异性检测判据，可利用小波变换对漏磁场法向分量 $H_p(y)$ 进行小波分解，可得图 3-50 所示曲线。由图中可以看出，模极大值在 3400mm 处收敛于奇异点，即故障缺陷点。结论与杜波夫检测判据所得结论一致，可认定该位置即缺陷所在位置。

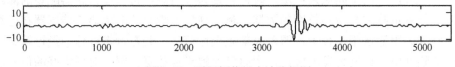

图 3-50　磁记忆信号小波分解图

提取疑似缺陷位置附近漏磁场切向分量与法向分量信号，使用切向分量 $Hp(x)$ 和法向分量 $H_p(y)$ 进行李萨如图形合成，所得图形如图 3-51 所示。从图中可以看出，合成的李萨如图形形成了一个闭合的区域，闭合区域面积为 $0.29\,\mathrm{Gs}^2$，磁记忆损伤系数 σ 为 -0.5376。根据李萨如图形检测判据，可以认为在这个区域出现了应力集中现象，这个闭合区域的面积即量化地体现了应力集中的程度，且磁记忆损伤系数会随应力集中程度的增加而增加。

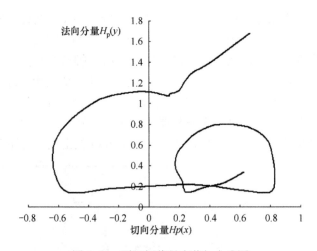

图 3-51　磁记忆信号李萨如合成图

由以上分析可知，在疑似缺陷位置（1）处确实出现了应力集中缺陷，在之后的使用过程中此处较其余位置更容易出现断裂现象，应引起检测人员的注意。

对于疑似故障位置（2）采取相同的磁记忆信号分析过程。该处的法向分量与梯度值图如图 3-52 所示。由图中可以发现，在距检测起点位置 730mm 处法向分量 $H_p(y)$ 出现了明显的反相且过零点现象，并且梯度 K 值出现了明显的极大值。根据传统的杜波夫检测判据与梯度检测判据，即可判断在此位置输送带出现了损伤缺陷。

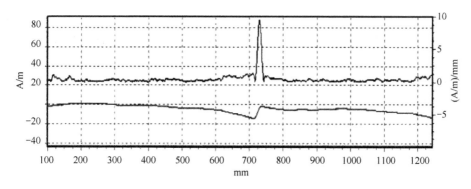

图 3-52　磁记忆信号法向分量与梯度曲线

提取疑似缺陷位置附近漏磁场切向分量与法向分量信号,使用切向分量 $H_p(x)$ 和法向分量 $H_p(y)$ 进行李萨如图形合成,所得图形如图 3-53 所示。

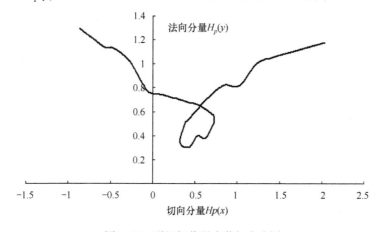

图 3-53　磁记忆信号李萨如合成图

从图中可以看出,合成的李萨如图形形成了一个闭合的区域,闭合区域面积为 $0.13\,\mathrm{Gs}^2$,磁记忆损伤系数 σ 为-0.8861。根据李萨如图形检测判据,可以认为在这个区域出现了应力集中现象,应当引起注意。

在李萨如图形检测判据中,其磁记忆损伤系数表征了被测构件的损伤程度。对于定量检测,其标定一般采用已知缺陷的标准构件进行,但由于条件限制,本节没有对矿用输送带进行疲劳拉伸试验,无法对损伤系数与损伤程度之间的定量关系进行很好的标定,之后还需要通过疲劳拉伸试验进一步研究与改进,以期实现对输送带寿命的预测。

3.8　本章小结

本章主要讲述了一种新兴的电磁无损检测——金属磁记忆检测。首先,概述金属磁记忆的发展,讨论其技术原理,论述金属磁记忆信号的检测判据,包括杜波夫传统检测判据、梯度检测判据、多尺度小波变换检测判据、低周疲劳损伤检测判据和李萨如图形检测判据。然后，对矿用输送带金属磁记忆检测进行试验，证明了磁记忆信号处理和各判据综合使用的必要性。最后，具体阐述磁记忆信号处理的方法，并设计出磁记忆传感器和检测装置，利用设计出的磁记忆检测装置进行矿用输送带检测试验。

参 考 文 献

[1] Qiao Tiezhu , Xuwei. A study of steel cord belt magnetic memory testing system[C]. 2009 Second ISECS International Colloquium on Computing, Communication, Control, and Management, 2009:564-566.

[2] Qiao Tiezhu, Li Xiaolu, Ma Fuchang. Analysis of magnetic memory signal of dynamic stress changes for steel-cord conveyor belt[J]. Energy Education Science and Technology Part A: Energy Science and Research,2012,30: 207-214.

[3] Qiao Tiezhu, Li Xiaolu, Zhang Xueying. Singularity detection of magnetic memory signal of steel-cord conveyor belt[J]. Telkomnika - Indonesian Journal of Electrical Engineering, 2013, 11（9）：4904-4910.

[4] Qiao Tie-Zhu, Ma Jun-Chao, Zhao Yong-Hong. Signal processing of magnetic memory in steel-cord belts based on wavelet analysis[C]. 3rd International Symposium on Intelligent Information Technology Application Workshops, IITAW 2009, 2009:17-20.

[5] 李效露, 乔铁柱. 基于小波模极大值钢绳芯输送带磁记忆信号的奇异性检测[J]. 煤矿机械, 2013, 01: 89-92.

[6] 李建勇, 乔铁柱, 李效露. 钢绳芯胶带金属磁记忆检测传感器及系统研究[J]. 煤矿安全,2013,02:114-116.

[7] 乔铁柱, 郑雅琼. 基于Mallat小波分析算法的钢丝绳断丝故障检测方法研究[J]. 电子测试, 2011, 05: 1-4,71.

[8] 乔铁柱, 马俊超,赵永红. 钢绳芯输送带磁记忆检测信号小波分析方法研究[J]. 煤矿机械, 2009, 11: 246-248.

[9] 乔铁柱, 李建勇, 王峰, 等. 钢绳芯胶带磁记忆智能检测传感器: 山西, ZL102706956A[P].2012-10-03.

[10] 乔铁柱,路晓宇,王福强. 钢绳芯输送带的磁记忆信号特征提取方法研究[J]. 煤矿机械, 2011, 09: 261-263.

[11] 李建勇, 乔铁柱. 便携式金属磁记忆检测仪的设计研究[D]. 太原理工大学, 2013.

[12] 路晓宇, 乔铁柱. 基于金属磁记忆技术的输送带钢绳芯检测机理研究[D].太原理工大学, 2012.

[13] 李效露, 乔铁柱. 基于小波奇异性和神经网络的钢绳芯输送带故障诊断方法的研究[D]. 太原理工大学, 2013.

[14] 满壮, 乔铁柱. 矿用钢绳芯胶带金属磁记忆检测技术研究[D]. 太原理工大学, 2014.

[15] 乔铁柱, 李兆星, 靳宝全,等. 钢丝绳磁记忆在线检测装置：山西， CN103995048A[P]. 2014,08

[16] Harrison A. A new technique for measuring loss of adhesion in conveyor belt splices[J]. Australian J. Coal Mining Technology and Research, 1984,（4）：27-34.

[17] Doubov A A. Screening of weld quality using the metal magnetic memory[J].Welding in the world, 1998，41:196-199.

[18] 万升云.磁记忆检测原理及其应用技术的研究[D].华中科技大学,2006.

[19] 戴道生,钱昆明. 铁磁学[M]. 北京: 科学出版社,2000: 455-458.

[20] 宛德福. 磁险物理学[M]. 北京: 电子工业出版社, 1999.

[21] 刘美全,徐章遂,米东,等. 地磁场在缺陷微磁检测中的作用分析[J]. 计算机测量与控制, 2009，17（12）.

[22] Doubov A A. Diagnostics of Metal Items and Equipment by Means of MetalMagnetic Memory[C] .ChsS NDT 7th Conference on NDT and InternationalResearch Symposium. Shantou China, 1999: 181-187.

[23] 梁志芳，王迎娜，李午申，等.拉伸试验中的金属磁记忆信号总体特征研究[J]. 哈尔滨工业大学学报,2009,05:99-101.

[24] 张卫民,涂青松,殷亮. 静拉伸条件下螺纹联接件三维弱磁信号研究[J]. 北京理工大学学报,2010,10:1151-1154，1179.

[25] 任吉林,王东升,宋凯,等. 应力状态对磁记忆信号的影响[J]. 航空学报,2007,03:724-728.

[26] 石常亮.面向再制造铁磁性构件损伤程度的磁记忆/超声综合无损评估[D].哈尔滨工业大学,2011.

[27] 宋凯,唐继红,钟万里,等.铁磁构件应力集中的有限元分析和磁记忆检测[J]. 材料工程,2004,04:40-42，48.

[28] 赵轩. 磁记忆无损检测技术机理研究[D].燕山大学,2011.

[29] 张卫民,董韶平,杨煜,等.磁记忆检测方法及其应用研究[J].北京理工大学学报,2003,03:277-280.

[30] 钟力强,李路明,陈铿. 地磁场方向对应力集中引起的磁场畸变的影响[J].无损检测，2009,31（1）:1-4.

[31] 宛德福,罗世华. 磁性物理[M].北京: 电子工业出版社,1987.

[32] 邢海燕,樊久铭,王日新,等. 早期损伤临界应力状态磁记忆检测技术[J]. 哈尔滨工业大学学报,2009,05:26-29.

[33] 王慧鹏,董世运,董丽虹,等. 不同应力集中系数下磁记忆信号影响因素研究[J]. 材料工程,2010,12:35-38.

[34] 尹大伟,徐滨士,董世运,等. 不同检测环境下磁记忆信号变化研究[J]. 兵工学报,2007,03:319-323.

[35] Doubov A A. Diagnostics of metal items and equipment by means of metal magnetic memory proc of CHSNDT [C]. 7th Conference on NDT and International Research Symposium, 1999: 181-187.

[36] Doubov A A. The Express Technique of Welded Joints Examination with Use of Metal Magnetic Memory [J]. NDT&E International, 2000, 33（6）:351-362.

[37] Doubov A A. Diagnostics of equipment and constructions strength with usage of magnetic memory inspection [J].D iagnostics, 2001, 35（6）:19-29.

[38] 张军,王彪. 金属磁记忆检测中应力集中区信号的识[J]. 中国电机工程学报. 2008, 28（18）: 144-148.

[39] 邱新杰. 焊接裂纹的金属磁记忆漏磁场特性的初步研究[D]. 天津: 天津大学, 2004.

[40] 张亚梅. 油气管道的磁记忆检测技术应用及其对比性定量的初探[D]. 天津: 天津大学, 2004.

[41] 王继革,王文江,郭爽. 金属磁记忆信号特征量提取中的 Lipschitz 指数法[J]. 无损检测, 2008,30（08）: 494-497.

[42] Lowndes I S, Silvester S A, Giddings D, et al. The computational modelling of flame spread along a conveyor belt [J]. Fire Safety Journal. 2007，42（1）: 51-67.

[43] 蹇兴亮,周克印. 基于磁场梯度测量的磁记忆试验[J]. 机械工程学报,2010,04:15-21.

[44] 邱新杰,李午申,白世武,等. 焊接裂纹的金属磁记忆定量化评价研究[J]. 材料工程,2006,07:56-60.

[45] 梁志芳,李午申,王迎娜. 金属磁记忆信号的零点特征[J]. 天津大学学报,2006,07:847-850.

[46] 张军,王彪,计秉玉. 基于小波变换的套管金属磁记忆检测信号处理[J]. 石油学报,2006,02:137-140.

[47] 刘昌奎,陈星,张兵,等. 构件低周疲劳损伤的金属磁记忆检测试验研究[J]. 航空材料学报,2010,01:72-77.

[48] 满壮,乔铁柱. 基于金属磁记忆的刮板机检测装置研究[J]. 煤矿机械, 2014, 03: 127-129.

[49] 杨继先.李萨如图形的性质研究[J]. 西华大学学报（自然科学版）, 2008, 06: 98-100, 125.

[50] 王朝霞,张卫民,宋金钢,等.弱磁场作用下的磁偶极子模型建立与分析[J].北京理工大学学报,2007,05:395-398.

[51] 周培,任吉林,孙金立,等.李萨如图在磁记忆二维定量检测中的应用[J]. 航空学报,2013,08:1990-1997.

[52] 张卫民,刘红光,孙海涛. 中低碳钢静拉伸时磁记忆效应的试验研究[J]. 北京理工大学学报,2004,07:571-574.

[53] 任吉林,罗声彩,陈曦,等. 磁记忆切向分量信号的检测研究[J]. 失效分析与预防,2011,03:154-159.

[54] 任吉林,王进,范振中,等.一种磁记忆检测定量分析的新方法[J].仪器仪表学报,2010,02:431-436.

[55] 于凤云,张川绪,吴淼.检测方向和提离值对磁记忆检测信号的影响[J]. 机械设计与制造, 2006,5:118-120.

[56] 杨理践, 陈晓春, 魏竞.油气管道漏磁检测的信号处理技术[J]. 沈阳工业大学学报, 1999, 21（6）:516-518.

[57] D C Jiles,M K Devine. Recent developments in modeling of the stress derivative of magnetization in ferromagnetic materials [J]. Journal of Applied Physics, 1994, 76（10）: 7015-7017.

[58] 周强,顾必冲，等. 钢丝绳漏磁通应力效应的研究[J]. 武汉理工大学学报,2002, 3（26）: 347-349.

[59] 宛德福,罗世华. 磁性物理[M].北京: 电子工业出版社,1987.

[60] 蹇兴亮,周克印.基于磁场梯度测量的磁记忆试验[J].机械工程学报，2010, 46（4）: 15-20.

[61] 段锦升.机械系统微弱故障信号检测及特征提取方法研究[D]. 太原: 太原理工大学，2008.

[62] 张少文,张学成,王玲，等.水文时间序列突变特征的小波与李氏指数分析[J].水利水电技术，2004, 35（11）: 1-3.

[63] 王震,米东,徐章遂. 磁阻传感器在弱磁测量中的应用研究[J]. 仪表技术, 2006, 06: 70-71.

[64] 董雨.基于HMC1022的双轴磁阻传感器的研究和应用[D].吉林大学，2009.

[65] 邸新杰,李午申,严春妍,等. 焊接裂纹金属磁记忆信号的特征提取与应用[J]. 焊接学报,2006, 02: 19-22, 113-114.

[66] 杨其明, 李国直, 王大生. 铁路专用金属磁记忆检测仪的研制及初步应用[J]. 中国铁道科学, 2005, 01: 139-142.

[67] 田丽.基于玻莫合金磁阻传感器的三维磁场测量系统的设计[D]. 大连交通大学, 2010.

第四章　射线检测

本章介绍了另外一种针对矿用输送带内部缺陷即钢绳芯缺陷的检测方法——射线检测法，射线检测可以很直观地检测到矿用输送带内部的钢绳芯情况。

本章首先简要介绍了射线检测及其基本原理，然后着重阐述对适用于矿用输送带的 X 射线检测法以及一种矿用输送带 X 光检测系统。

4.1　射线检测概述

4.1.1　射线的种类

在射线检测中应用的射线主要有 X 射线、γ 射线和中子射线。X 射线和 γ 射线属于电磁辐射，而中子射线是中子束流。

1. X 射线

X 射线又称伦琴射线，是射线检测领域中应用最广泛的一种射线，波长范围约为 0.0006～100nm。在 X 射线检测中常用的波长范围为 0.001～0.1nm。X 射线的频率范围约为 $3×10^9～5×10^{14}$ MHz。

2. γ 射线

γ 射线是一种波长比 X 射线更短的射线，波长范围约为 0.0003～0.1nm，频率范围约为 $3×10^{12}～1×10^{15}$ MHz。工业上广泛采用人工同位素产生 γ 射线。由于 γ 射线的波长比 X 射线更短，所以具有更大的穿透力。在无损检测中，γ 射线常用来对厚度较大和大型整体构件进行射线检测。

3. 中子射线

中子是构成原子核的基本粒子。中子射线是由某些物质的原子在裂变过程中逸出高速中子所产生的。工业上常用人工同位素、加速器、反应堆来产生中子射线。在无损检测中，中子射线常用来对某些特殊部件（如放射性核燃料元件）进行射线照相。

表 4-1 所列为电磁波谱。

表 4-1　电磁波谱

电磁波种类	波长（真空中）/m	频率/Hz
γ 射线	$<10^{-11}$	$>3×10^{19}$
X 射线	$10^{-12}～10^{-8}$	$3×10^{16}～3×10^{20}$

电磁波种类	波长（真空中）/m	频率/Hz
紫外线	$6\times10^{-9}\sim4\times10^{-7}$	$7.5\times10^{14}\sim5\times10^{16}$
可见光	$4\times10^{-7}\sim7.7\times10^{-7}$	$3.9\times10^{14}\sim7.5\times10^{14}$
红外线	$7.7\times10^{-7}\sim3\times10^{-4}$	$3.9\times10^{12}\sim3.9\times10^{14}$
微波	$10^{-4}\sim1$	$3\times10^{8}\sim3\times10^{12}$
无线电波	$1\sim3\times10^{4}$	$3\times10^{4}\sim3\times10^{6}$

射线位于电磁波的高频段，具有如下特点：在真空中直线传播；具有波粒二象性；在界面处发生反射、折射，但是与可见光有很大区别；可发生干涉、衍射现象，但只在孔很小时才能观察到；人眼不可见，但具有穿透性；射入物体时，会发生复杂的物理化学作用；具有辐射性，对人体有危害。

4.1.2　射线检测技术的分类

目前，射线检测技术主要有以下几种。[1]

1. 常规射线照相检测技术

常规射线照相检测技术，即胶片射线照相检验技术，这是目前工业探伤中普遍使用的方法。在过去的发展中，技术方面集中的问题是射线照相图像质量与技术的关系，即图像质量的表征与评定、技术的标准化等。20 世纪 60 年代初有 3 篇影响较大的论文：C. G. Pollit 于 1962 年在《英国无损检测》发表的"射线照相灵敏度"论文统一处理了各种细节影像的可识别性与射线照相技术因素的关系；E.L.Cricuolo 于 1963 年在美国《材料研究与标准》发表的"射线照相透度计的相互关系"论文从影像形成的量子统计角度建立了不同细节影像的可识别性关系；仙田富男于 1962 年在日本《东京大学产生技术研究报告》发表的"射线照片的对比度的研究"论文细致讨论了细节影像的对比度与射线硬化、胶片感光速度的谱响应灵敏度及焦点尺寸等关系。

2. 射线实时成像技术

射线实时成像检测技术是实时地将射线照相的强度分布转换为可见光图像，然后对检验结果做出评定的技术。这种技术几乎与胶片射线照相检验技术同时产生，但由于各方面的技术限制，没有像射线照相技术发展的那样完全，真正的发展是随着电子材料、增强技术、接收器件及计算机技术的发展而发展起来的。早期的射线实时成像检测系统主要是荧光屏实时成像检验系统，目前应用的射线实时成像检验系统有很多种，主要是图像增强器、成像板和线阵列射线实时成像检验系统等。成像板和线阵列射线实时成像检验系统，是近年来快速发展的数字实时成像检验系统，它们使用基于非晶硅的闪烁检测器和荧光—光电倍增器制成的成像板或线阵列信号。这种实时成像检验系统的主要特点是具有很高的分辨率和很大的动态范围，可检验厚度差或密度很大的物体。

3．CR(Computed Radiography）技术

CR 技术是近年正在迅速发展的数字射线照相技术中的一种新的非胶片射线照相技术。该技术基于某些荧光发射物质具有保留潜在图像信息的能力，在较高能带俘获电子形成激光发射荧光中心；在激光激发下，激光发射荧光中心的电子将返回它们的初始能级，并以发射可见光的形式输出能量。这种激光发射与原来接收的射线剂量成比例，当激光扫描储存荧光成像板时，就可得到射线照相图像。

CR 技术的优点：原有的 X 射线设备不需更换或改造，可以直接使用；宽容度大，曝光条件易选择；可减少照相曝光量；产生的数字图像存储、传输、提取、观察方便；成像板可重复使用几千次，虽然单板的价格昂贵，但实际比胶片更便宜。

CR 技术缺点：成像的空间分辨率可达 5 线对/mm（即 100pm），稍低于胶片水平；虽然比胶片照相速度快一些，但是不能直接获得图像，必须将 CR 屏放入读取器中才能得到图像；不能在潮湿的环境和极端的温度条件下使用。

4．CT(Computer Tomography）技术[2]

工业 CT 是当今国际无损检测界公认的最佳的无损检测手段。它集物理学、核电子学、光学电子技术、计算机、自动控制、机械学和图像处理技术于一体，其基本原理是从射线源辐射出的薄层扇形射线束穿过测试件的某一层面时，通过阵列探测器接收到的射线束的能量与构件被透射的基层的材料密度、内部结构、成分有直接关系。CT[3]系统可以从许多角度对测试件的某一层进行扫描，在探测器上就可以得到这层在不同角度方向上的射线衰减信息。将这些信息输入计算机中，按照一定算法就可重建出被测构件这层实际密度分布的层析图像。工业 CT 近年来在国外的汽车行业中得到广泛的应用，它可定量地检测出物体的物理和力学性质、缺陷的形状和精确尺寸、缺陷的取向及分布等，如检测零部件内部的疏松、气孔、夹杂、裂纹、机械结构缺陷、内外尺寸精确测量、被测物多视图显示以及三维结构立体显示等。但工业 CT 也有一定的局限性：首先，它的专用性较强，当检测对象发生变化时，其系统结构也有所不同；另外其细节分辨率与测试件大小有关，对大试件的分辨率相对较低。目前限制工业 CT 技术广泛应用的最大原因是其成本过高。

5．康普顿散射成像技术

康普顿散射成像是一种层析检测技术，实际上微焦点实时成像和扫描源射线实时成像也都可以得到层析图像。目前，我国仅有少数单位研究康普顿散射成像检测技术。1994 年，航天工业部门采用普通 X 射线机，以胶片作为接收探测器，完成了康普顿散射成像检测试验。1996 年，苏州兰博集团研制出了 CBS-1 型康普顿散射成像检测装置。近年来，我国航天工业部门用从国外引进的或国内协作研制的康普顿散射成像检测装置开展了试验和应用研究。

康普顿散射成像技术的优点：首先，可以直接对物体的电子密度进行成像，而且在所探测的光子中包含精确的位置信息；其次，在进行康普顿散射成像时，可以自由选择探测器和放射源的位置，这一优点使得它可以在工业上用于对延展

型物体进行无损检测或者用于不可能将放射源和探测器分置于被测物体异侧的场合；再次，当康普顿散射用于对物体表面部分成像时，具有较高灵敏度，并且所需要的放射剂量小于传统的计算机断层扫描技术，这一点对于医学应用特别重要。

4.2　射线检测基本原理

射线在穿透物体过程中会与物质发生相互作用，因吸收和散射而使其强度减弱。强度衰减程度取决于物质的衰减系数和射线在物质中穿越的厚度。如果被测物体（测试件）的局部存在缺陷，且构成缺陷的物质的衰减系数又不同于测试件，该局部区域的透过射线强度就会与周围产生差异。把胶片放在适当位置使其在透过射线的作用下感光，经暗室处理后得到底片。底片上各点的黑化程度取决于射线照射量（射线强度、照射时间），由于缺陷部位和完好部位的透射线强度不同，底片上相应部位就会出现黑度差异。底片上相邻区域的黑度差定义为"对比度"。把底片放在观片灯光屏上借助透过光线观察，可以看到由对比度构成的不同形状的影像，评片人员据此判断缺陷情况并评价测试件质量。

4.2.1　射线与物质的相互作用

射线通过物质时，会与物质发生相互作用[4,5]而使强度减弱，导致强度减弱的原因可分为两类：吸收与散射。吸收是一种能量转换，光子的能量被物质吸收转变为其他形式的能量；散射会使光子的运动方向改变，其效果等于在束流中移去入射光子。其中，射线的吸收包括光电效应、电子对的产生；射线的散射包括康普顿散射和汤姆逊散射。

射线与物质的相互作用主要有三种过程，即光电效应、康普顿效应和电子对的产生。这三种过程的共同点是都产生电子，然后电离或激发物质中的其他原子。此外，还有少量的汤姆逊效应。光电效应和康普顿效应随射线能量的增加而减少，电子对的产生则随射线能量的增加而增加。这四种效应的共同结果是使射线在透过物质时能量产生衰减。

1．光电效应

在普朗克概念中，每束射线都具有能量为 $E=h\nu$ 的光子。光子运动时保持着它的全部动能。光子能够撞击物质中原子轨道上的电子，若撞击时光子释放出全部能量，并将原子电离，则称为光电效应。光子的一部分能量把电子从原子中逐出去，剩余的能量则作为电子的动能被带走，于是该电子可能又在物质中引起新的电离。当光子的能量低于 1 MeV 时，光电效应是极为重要的过程。另外，光电效应更容易在原子序数高的物质中产生，如在铅（$Z=82$）中产生光电效应的程度比在铜（$Z=29$）中大得多。

图 4-1 所示为光电效应示意图。

2. 康普顿效应[6]

在康普顿效应中，一个光子撞击一个电子时只释放出它的一部分能量，结果光子的能量减弱并在和射线初始方向成 θ 角的方向上散射，而电子则在和初始方向成 φ 角的方向上散射。这一过程同样服从能量守恒定律，即电子所具有的动能为入射光子和散射光子的能量之差，最后电子在物质中因电离原子而损失其能量。

在绝大多数的轻金属中，射线的能量大约在 0.2~3MeV 范围时，康普顿效应是极为重要的效应。康普顿效应随着射线能量的增加而减小，其大小也取决于物质中原子的电子数。在中等原子序数的物质中，射线的衰减主要是由康普顿效应引起，在射线防护时主要侧重于康普顿效应。

图 4-2 所示为康普顿效应示意图。

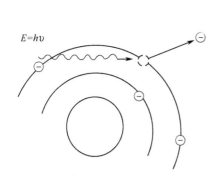 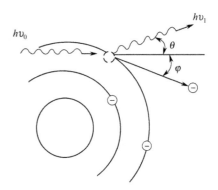

图 4-1　光电效应　　　　图 4-2　康普顿效应

3. 电子对的产生

一个具有足够能量的光子释放出它的全部动能，形成具有同样能量的一个电子和一个正电子，这样的过程称为电子对的产生。产生电子对所需的最小能量为 0.51MeV，所以光子能量 $h\nu$ 必须大于等于 1.02MeV。

光子的能量一部分用于产生电子对，一部分传递给电子和正电子作为动能，另一部分能量传给原子核。在物质中电子和正电子都是通过原子的电离而损失动能，在消失过程中正电子和物质中的电子相互作用成为能量为 0.51 MeV 的两个光子，它们在物质中又可以通过光电效应和康普顿效应进一步相互作用。

由于产生电子对的能量条件要求不小于 1.02 MeV，所以电子对的产生只有在高能射线中才是重要的过程。该过程正比于吸收体的原子序数的平方，所以高原子序数的物质电子对的产生也是重要的过程。

图 4-3 所示为电子对产生的示意图。

4. 汤姆逊效应

射线与物质中带电粒子相互作用，产生与入射波长相同的散射线的现象称为汤姆逊效应。这种散射线可以产生干涉，能量衰减十分微小。

图 4-4 所示为汤姆逊效应的示意图。

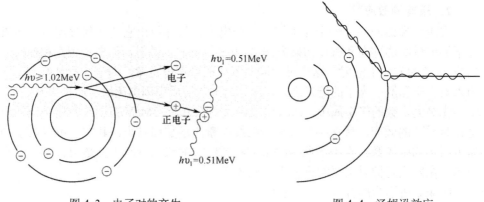

图 4-3 电子对的产生　　　　　　　　　图 4-4 汤姆逊效应

4.2.2 各种相互作用发生的相对概率

光电效应、康普顿效应、电子对效应的发生概率与物质的原子序数和入射能量有关。对于不同物质和不同能量区域，这三种效应的相对重要性不同。如图 4-5 所示为各效应优势分布图。

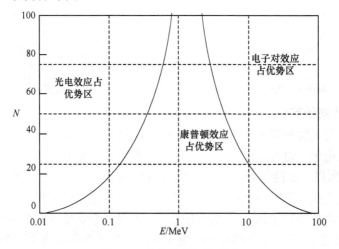

图 4-5 各效应优势分布图

（1）对于低能量射线和原子序数高的物质，光电效应占优势。

（2）对于中等能量射线和原子序数低的物质，康普顿效应占优势。

（3）对于高能量射线和原子序数高的物质，电子对效应占优势。

4.3 X 射线检测原理

X 射线的发现，使许多领域的疑难问题得到了理论上的支持，也为技术的革新增加了可能性。X 射线无损检测技术便是对 X 射线理论的成功应用，X 射线无损检测技术的出现使许多领域的难题得到解决。

　　X 射线发现以前，人体骨折只能靠医生的经验进行治疗，现在医生可以依靠 X 射线透视装置——CT 透视装置，对骨折部位进行拍照，胶片上能够清楚地看出骨折的情况，大大提高了医疗诊断的科学性和简易度。再如工业上的铸造行业，为航空领域加工的航空发动机内部不允许有空穴和裂纹等物理缺陷，这些缺陷在高速运转的状态下会产生极其严重的灾难性后果，甚至可能会毁掉整架飞机。有了 X 射线无损探伤，内部物理缺陷可以很容易地发现，从而有效地避免了事故的发生。

4.3.1　X 射线的产生

　　1895 年 11 月 8 日，德国科学家伦琴利用气体放电管在试验室中偶然发现了一种可以轻易透过物体的贯穿性辐射，由于当时对这种辐射的性质特点还不了解，所以命名为 X 射线。后来，为了让人们记住伦琴这一伟大的贡献，又把这种射线命名为伦琴射线。

　　1911 年，德国米勒博士成功地制造了世界上第一只 X 光管，提供了产生 X 射线的基本元件和设备。1915 年，开始利用 X 射线和 γ 射线去透照物体，并在感光板上获得物体的影像，这就是最早的射线照相技术。

1. X 射线的产生原理

　　X 射线的特征是波长非常短，频率很高，其波长范围在 0.1～10nm。X 射线是由于原子在能量相差悬殊的两个能级之间的跃迁而产生[7]的。所以，X 射线光谱是原子中最靠内层的电子跃迁时发出来的，而光学光谱则是外层的电子跃迁时发射出来的。当电子能量很高（一般需要达到几万电子伏的能量）时，它可能把原子的内层电子撞击到高能态，甚至击出原子，外层电子向内层跃迁的过程会伴随发出 X 射线。

　　波长略大于 0.5nm 的 X 射线称为软 X 射线。波长短于 0.1nm 的 X 射线称为硬 X 射线。硬 X 射线与波长长的（低能量）伽马射线范围重叠，二者的区别在于辐射源，而不是波长，即：X 射线光子产生于高能电子加速，伽马射线则来源于原子核衰变。

　　产生 X 射线的最简单方法是用加速后的电子撞击金属靶。撞击过程中，电子突然减速，其损失的动能会以光子形式放出，形成 X 光谱的连续部分，称为制动辐射。通过加大加速电压，电子携带的能量增大，则有可能将金属原子的内层电子撞出。于是内层形成空穴，外层电子跃迁回内层填补空穴,同时放出波长在 0.1nm 左右的光子。由于外层电子跃迁放出的能量是量子化的，所以放出的光子的波长也集中在某些部分，形成了 X 光谱中的特征线，称为特征辐射。

2. X 射线的特性

　　同一切电磁辐射和微观粒子一样，X 射线也具有波粒二象性。经典理论就是将电磁辐射作为波考虑，量子理论则将 X 射线看成是一种量子或光子组成的粒子

流，每个 X 射线光子具有的能量为

$$E_X = hv = hc/x \qquad (4-1)$$

式中：E_x 为 X 射线光子的能量（ev）；h 为普朗克常量；v 为振动频率；c 为光速；x 为波长。于是，可以得到以下等式，即

$$E_X = 12400/\lambda \ (\text{eV}) \qquad (4-2)$$

这就是波粒二象性之间的联系。

3. X 射线穿过物质发生的变化

X 射线在穿过物质时，与物质发生相互作用而使强度减弱。在此过程中，吸收与散射起了主要作用。吸收是 X 射线被物质吸收后一部分能量转换为其他形式的能量。散射则是 X 射线的传播方向发生改变，而 X 射线的性质和能量并不发生改变。由于吸收和散射的存在，X 射线穿过物体后强度降低。在 X 射线的频谱范围内，吸收衰减主要是由光电效应、电子对效应引起的，散射衰减主要是由瑞利散射和康普顿散射引起的。

4.3.2　X 射线的衰减特性

射线可以分为单能射线和多能射线。单能射线是指由相同能量的光子组成或仅仅具有单一波长的射线。多能射线是指由不同的能量的光量子组成而且波长也不是单一不变的射线。在实际工业射线检测中，产生的 X 射线不可能仅仅具有相同能量的单能射线。射线检测中获得的是连续谱的 X 射线；多能射线由不同能量的光子组成，对于光子能量的变化，射线的衰减系数是变化的，在穿透材料时不同能量光子具有不同的衰减系数。

单能、窄束 X 射线入射到物体时，因为一部分能量被吸收、一部分能量被散射而衰减，使其强度发生衰减。试验表明射线穿透物体时其强度的衰减与吸收体的材料性质、厚度、密度以及射线光量子的能量相关。对于一窄束射线，在均匀的介质中，在无限小的厚度范围内，强度的衰减量正比于入射射线强度和穿透物体的厚度，这种关系可以写为

$$I = I_0 e^{-\mu x} \qquad (4-3)$$

式中：I_0 为入射射线强度；I 为透射射线强度；x 为吸收体厚度；μ 为射线衰减系数。

从射线源沿直线穿过物体透射的射线称为一次射线，光量子与物质相互作用中产生的能量或方向不同于一次射线的称为散射线，则透射射线强度等于一次射线和散射射线的强度之和，即

$$I = I_D + I_S \qquad (4-4)$$

式中：I_D 为一次射线强度；I_S 为散射线强度；I 为透射射线强度。

散射比，常记为 n，定义为

$$n = I_S/I_D \qquad (4-5)$$

再结合单色 X 射线的公式，得

$$I = (1+n)I_0 e^{-\mu x} \qquad\qquad (4\text{-}6)$$

在理论研究中，使用积累因子 B，则有

$$B = 1 + I_S/I_D \qquad\qquad (4\text{-}7)$$

于是有

$$I = BI_0 e^{-\mu x} \qquad\qquad (4\text{-}8)$$

在实际 X 射线照相中一般都是宽束、连续谱的情况，这是由于散射线的存在以及不同能量的射线衰减不同，不能简单地按照以上公式描述 X 射线的衰减规律[8]。但是此规律可近似应用于多能、宽束连续射线的情况，只是射线衰减系数 μ 随着光子能量的增加而减小。

4.3.3　X 射线成像技术

现代的工业、医疗、科研等都要用到 X 射线检测手段，由于 X 射线是不可见的，因此为了方便观察，人们就研究出了几种成像技术。射线穿过物体，然后可以通过胶片或荧光屏接收，于是就得到了人眼可见的图像。在随后的时间里，又出现了荧光增感屏、图像增强器和数字成像器件[9]。

1．胶片

在一定时间里，在锅炉探伤、铸件探伤等领域都是用胶片成像，成像之后经过洗像，然后在观片灯下观看。这种方式的优点是单张成本较低，分辨率比较高。缺点是需要费时洗像，如果拍片量比较大，则成本直线上升。

2．X 射线荧光屏

随着技术的发展，人们研制出了 X 射线荧光屏。荧光屏由荧光物质的微粒构成，它是一种纤维素衍生物，分散在黏合剂中，涂在白塑料或纸板基体上，其主要材料为 $CaWO_4$ 和稀土。荧光屏的分辨率和微粒尺寸有关，清晰度和感光材料的吸收效率和 X 射线强度有关。荧光屏的优点是制作和使用成本较低，可以立即看到图像，节省了大量的胶片费用。缺点是受感光材料的影响，分辨率、清晰度不高，且如果显示图像变化速度高于 1m/s，图像便会丢帧，荧光屏成像的影像便不能真实地反映图像原貌。

3．X 射线图像增强器

X 射线图像增强器[10,11]诞生于 20 世纪 40 年代，广泛用于医疗和工业等射线检测等领域。图像增强器系统的真空管利用对 X 射线敏感的荧光屏，将不可见的 X 射线光子图像转换为可见光光子图像。然后通过光电阴极的作用将可见光光子转换为相应的电子，电子经过加速后并聚焦于荧光屏输出，得到可见光图像，该图像可通过电视摄像机系统来观察。

图像增强器通常制作成圆柱形，内部的真空胆中包含有许多零件，内部结构原理如图 4-6 所示。当 X 射线照射到输入屏促使输入闪烁体发出可见光，在输入闪烁晶体和该可见光的作用下激发光电阴极发射电子；然后这些电子被高压电场

加速，并聚焦至输出屏的闪烁体，使其重新发出可见光，进而使亮度得到了大大增强。其工作流程图如图 4-7 所示。

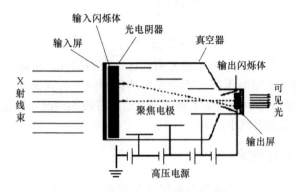

图 4-6　图像增强器结构原理图

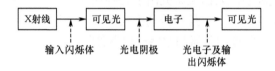

图 4-7　图像增强器工作流程图

图像增强器是荧光屏的改进产品，属于过渡产品，它既做到了使分辨率、清晰度的提升，又使价格不至于过高，是性能、价格折中的一类产品。由于它的成像系统具有图像噪声大、灵敏度低、对比度差、使用寿命短、不能对复杂零件进行有效检测、成像面积无法做太大等缺陷，它的应用受到了极大的限制。

4.　线阵探测器阵列(Linear Detector Array，LDA)[12-15]

线阵是伴随传感器技术发展而出现的一种产品。线阵主要利用 X 射线闪烁体材料，如单晶 $CdWO_4$ 或 CsI 等，直接与光电二极管相接触制作而成。

早在 20 世纪 80 年代，LDA 主要开发用于医疗的目的，同时也为工业领域开辟了一种经济可行、高分辨率的检测新途径，如铸造检测、食品检测、集装箱检测等。

这种典型系统结构简单、功能易于实现，广泛应用在以上领域的工业检测中。LDA 正向更高的扫描速度、更宽的动态范围和更小的像素尺寸的方向发展，并且在无损检测领域的应用越来越普遍。

LDA 由比较复杂的电子系统集成。LDA 组成部分主要包括闪烁体、光电二极管阵列、探测器部分、数据采集单元（包含控制单元）、图像传输输入单元。

（1）闪烁体是将接收的 X 射线转化为可见光，常见的闪烁体为 $CdWO_4$、CsI 和 Cs(TI) 等。闪烁体有几个重要的特征：吸收效率、余辉和感光性。这些特征决定了产品性能。吸收效率因闪烁体材料不同而不同，吸收效率越高发光效率越高。

余辉是 X 射线照射到闪烁体后留在闪烁体的一段时间的余光。感光性就是闪烁体经照射可以发出可见光光子，这些光子可以被光电二极管接收。

（2）光电二极管阵列是用来测量闪烁体感应出的可见光强度的，一般闪烁体材料涂在光电二极管的表面。光电二极管不是严格的正方形，通常设计高度和间距相等，每个像素之间总存在死区，无法接收射线。

（3）探测器部分一般包括放大电路和门电路。放大电路将光电二极管的微弱电流信号放大，经过 CMOS、ASIC 或者 FPGA 快速电子电路的调理，信号变为某一量程范围内的模拟量。数据采集单元一般是用快速的 FPGA 作为数据采集的 A/D 转换功能承担者，经过 A/D 转换后模拟信号就变为了数字信号。在控制电路的调度下，把所有的光电二极管接收的感光状态集成为一个 N 位数的字节，通常为 12bit、14bit 或 16bit。再经过信号传输单元和采集卡，就可以将图像数据输入计算机进行图像重建，由软件配合并最终实现图像存储、处理等功能。

4.3.4　X 射线检测原理

X 射线检测是利用 X 射线通过物质衰减程度与被通过部位的材质、厚度和缺陷的性质有关的特性，使胶片感光成黑度不同的图像来实现的，如图 4-8 所示。

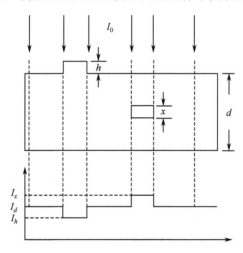

图 4-8　X 射线检测原理图

当一束强度为 I_0 的 X 射线平行通过被测试件（厚度为 d）后，其强度 I_d 为

$$I_d = I_0 \mathrm{e}^{-\mu d} \tag{4-9}$$

若被测试件表面有高度为 h 的凸起时，则 X 射线强度将衰减为

$$I_h = I_0 \mathrm{e}^{-\mu(d+h)} \tag{4-10}$$

又如，在被测构件内，有一个厚度为 x、吸收系数为 μ' 的某种缺陷，则射线通过后，强度衰减为

$$I_x = I_0 e^{-[u(d-x)+u'x]} \tag{4-11}$$

若有缺陷的吸收系数小于被测试件本身的射线吸收系数，则 $I_x > I_d > I_h$。于是，在被测试件的另一面就形成一幅射线强度不均匀的分布图。通过一定方式将这种不均匀的射线强度进行照相或转变为电信号指示、记录或显示，就可以评定被测试件的内部质量，达到无损检测的目的。

4.4　矿用输送带 X 射线检测系统

基于 X 射线的矿用输送带无损检测系统[16]的组成主要有 X 射线发生器（射线源）、X 射线探测卡、图像采集板、图像处理传输板、以太网通信系统和上位机部分，其工作原理图如图 4-9 所示。

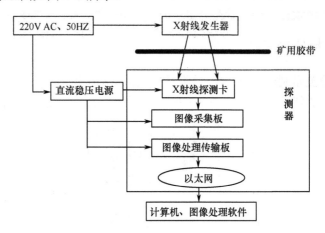

图 4-9　X 射线无损检测系统工作原理图

系统的工作原理为：从 X 射线发生器发出的 X 射线透射过矿用输送带后照射到布满了硅光电二极管阵列的 X 射线探测卡上，此二极管阵列可以将不可见光转换为包含有输送带内部钢绳芯图像信息的可见光，并通过 X 射线探测卡光电转换为模拟电压信号；然后，通过图像采集板对此电压信号进行信号调理和 A/D 转换为数字信号，再经过图像处理传输板进行非均匀性校准处理，并通过以太网将处理后的数字图像信息传输到上位机上；最后，上位机通过图像处理软件来处理接收到的图像信息，并进行动态的实时显示。计算机的图像处理软件不仅可以对图像进行分析和处理，还可以运用模式识别算法提取判断矿用输送带钢绳芯接头锈蚀、伸长以及断裂等情况，并在超标时发出报警信号。利用以太网传输技术，可以通过局域网共享数据信息，实现远程的传输控制。

4.4.1　X 射线发生器

X 射线发生器是系统中无损检测所需的 X 射线发生装置，主要包括控制箱和

104

射线源，它们分别完成高压控制和 X 射线产生的功能。下面以北京机电股份生产的 T-140X 射线发生器为例。该产品是北京机电股份引进德国技术开发研制的高科技产品，其出射射线剂量均匀、性能稳定、安全系数高。T-140X 射线发生器具体参数如表 4-2 所例。

表 4-2　T-140X 射线发生器

系统组成	控制箱+射线源
出射射线	扇面（60°）
焦点尺寸	0.8mm×0.8mm
管端高压	140kV（最高 160kV）
阳极电流	0.5～1mA
输出功率	100W（连续工作）
工作电源	AC 220V/50Hz
外形尺寸	控制箱 132mm×482mm×250mm
接口形式	25 针
温度	0～40℃
相对湿度	80%

4.4.2　X 射线探测卡

X 射线探测卡由闪烁体、硅光电二极管、积分电路和放大电路等部分组成，它将射线探测单元 X_Card 排列成一个阵列，并直接与专业集成电路（ASIC）连接在一起。它的结构如图 4-12 所示。

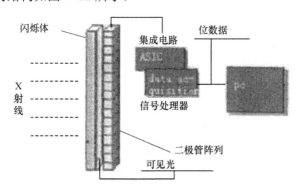

图 4-10　X 射线探测卡结构图

探测卡接收到穿透输送带的 X 射线，通过闪烁体将 X 射线转换成可见光。光电二极管受到可见光的照射，将光信号转化为电信号，再经一个 64 通道、放大倍数可变的 COMS 芯片转化为电压信号串行输出。

根据设计要求，综合比较国内外厂商如芬兰 DT 公司、德国 YXLON 公司、英国 ETL 公司同类产品的性能、分辨率、价格等，最后选定芬兰 DT 公司生产的

X-Scan 作为 X 射线探测卡，它特殊的制造工艺可以保证探测卡能承受高能量 X 射线的照射。X-Scan 探测卡中每个硅光电二极管的受光面积为 1.5mm×1.5mm，像素数目为 800，它的具体参数如表 4-3 所列。结合计算机图像采集和处理中的一般规律，为了一次性检测输送带全部截面，本书采用 32 块 X-Card 并列形成长度大约为 1.6m 的一维阵列。

表 4-3　探测卡工作参数

X 射线管电压范围	30~160kV
晶体材料	GOS 转换屏
像素中心间距	1.5mm
像素宽度	1.5mm
像素数目	800
感光区总长	12mm
传送速度范围	0.1~2.0m/s
A/D 转换分辨率	14bit
敏感单元校准功能	线阵探测器单元像素补偿
工作电压	AC220V/15V，50Hz/60Hz
功耗	不超过 50VA
工作温度	0~40℃
存储温度	−10~50℃
存储和工作的相对湿度	30%~80%

4.4.3　图像采集板

图像采集板主要由模数转换器（ADC）、数据通道、连接器、模拟开关和时序控制器组成，它通过 4 个数据通道采集模拟电压信号，并对其进行 A/D 转换。它的结构如图 4-11 所示。

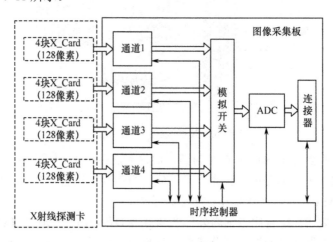

图 4-11　图像采集板结构框图

106

为了达到实时检测的目的和足够的检测宽度，本系统采用两块图像采集板同时采集 X 射线图像，且每个图像采集板连接 16 块 X_Card。X 射线探测卡输出的模拟电压信号首先从 4 个数据通道进入图像采集板，再通过模拟开关进入 ADC 转换成 16bit 的数字信号。模数转换器采用德州仪器（TI）生产的 ADS8422，它是一种 16bit 逐次逼近寄存器（SAR）模数转换器，速率可达到 4Mb/s。ADS8422 具有卓越的 AC 和 DC 规格，其他性能还包括内部 4.096V 参考电压、参考缓冲器和单电源运作等。它在-40℃～85℃的工业温度范围内可正常工作，可以理想地应用于各种高要求的应用中。时序控制器采用 Xilinx 生产的 XC95144XL，它可以产生精确的时序信号，来控制模拟开关和 ADC 的转换工作。

4.4.4　图像处理传输板

图像处理传输板主要由图像处理与传输控制器、数据存储器、连接器和 PHY 芯片组成，它对接收到的 X 射线图像数字信号进行偏移校准和平均化处理等，然后通过以太网接口将处理后的图像信号传输到上位机。它的结构如图 4-12 所示。

一个图像处理传输板最多可以连接 8 块图像采集板。按照设计要求，本系统中图像处理传输板通过连接器同时与两块图像采集板并行连接。图像处理与传输用 FPGA 实现，控制器采用 Xi11nx 生产的 Virtex^{TM}-4 系列中的 Virtex-4FX，它将高级硅片组合模块（ASMBL^{TM}）架构与种类繁多的灵活功能相结合，大大提高了可编程逻辑设计能力，从而成为替代专用集成电路（ASIC）技术的强有力产品。它包含了 PowerPC405 处理器、三态以太网媒体访问控制（MAC）、622Mb/s～6.5Gb/s 串行收发器、专用 DSP Slice、高速时钟管理电路和源同步接口块等庞大阵列的硬 IP 核，保证了 X 射线图像处理与传输的实时性和可靠性。

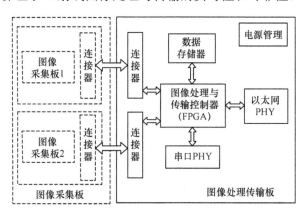

图 4-12　图像处理传输板结构框图

4.4.5　X 射线图像的处理算法

对于 X 射线图像而言，由于考虑到工作人员的安全问题，应尽量降低 X 射线的能量，同时也减小了信号的强度，这就需要进行信号放大处理，但是在增强信号的同时也引入了大量的噪声。此外，由于探测器本身集成电路、线路传输以及射线散射等多方面原因造成图像像素数值存在偏差，图像质量降低，因此对 X 射线图像进行实时处理是得到高质量 X 射线图像的关键。另外，通过对 X 射线图像进行处理，能改变原图像的灰度分布，使图像中所关心的信息更加突出。

关于图像处理的知识将留到第五章 5.3 节具体讲述。

4.5 本章小结

射线检测法虽然可以直观地检测出矿用输送带内部钢绳芯的损伤情况，但是 X 射线对人体具有极大的伤害。在现场应用中，可以采用目前新研发的一种 X 射线 CCD 相机，结合第五章和第六章的图像处理算法等，使 X 射线检测系统实现全自动智能在线检测，减少人为参与；或将 X 射线检测与电磁无损检测结合起来，实现对钢绳芯更为准确的在线检测。

参 考 文 献

[1] 刘俊敏. 工业 X 射线检测图像处理关键技术研究[D]. 香港大学, 2006.

[2] 陈平, 韩焱, 潘晋孝. 变电压 X 射线多谱 CT 成像虚拟设计[J]. 光谱学与光谱分析, 2012, 10(32).

[3] 吉幸, 罗贤, 杨延清, 等. 续纤维增强金属基复合材料无损检测研究进展[J]. 稀有金属材料与工程, 2013, S2(42).

[4] 余成郭. 基于射线的阀门缺陷的检测方法研究[D]. 浙江工业大学, 2008.

[5] 王仕木, 马英杰, 毛伟. γ 射线在不同物质中衰减规律的蒙特卡罗模拟[J]. 中国科技信息, 2014, 05: 51-53.

[6] 彭光含, 杨学恒, 辛洪政. X 射线 ICT 检测中康普顿散射效应的影响与修正[J]. 无损检测, 2004, 07: 336-338.

[7] 孙可煦, 王红斌, 成金秀, 等. 黑洞靶 X 光产生机制试验研究[J]. 原子与分子物理学报, 1994, 01: 19-28.

[8] 王同权, 魏晓东, 李宏杰, 等. X 射线的衰减和能量沉积计算[J]. 原子能科学技术, 2007, 4(41).

[9] 侯冬山. 基于线阵的钢绳芯输送带无损检测系统设计[D]. 太原理工大学, 2010.

[10] 孙忠诚, 靳树永, 孙茂林. 图像增强器式线阵列 X 射线数字成像系统[J]. 无损检测, 2009, 04: 269-272，276.

[11] 李俊江, 路宏年, 李保磊. X 射线图像增强器像元响应不一致性的分析及校正[J]. 光学技术, 2006, 05: 779-781，784.

[12] 唐奕, 陈海清, 张子业, 等. 线阵 CCD 多通道光谱仪及其应用[J]. 华中科技大学学报(自然科学版), 2002, 10: 96-98.

[13] 陈明, 马跃洲, 陈光. X 射线线阵实时成像焊缝缺陷检测方法[J]. 焊接学报, 2007, 06: 81-84，117.

[14] 杨文波, 朱明, 刘志明, 等. 基于 3 线阵探测器的亚像元成像超分辨率重构[J]. 光学精密工程, 2014, 08: 2247-2258.

[15] 荣锋, 苗长云, 徐伟. 强力输送带 X 光无损检测仪的研制[J]. 光学精密工程, 2011, 10: 2393-2401.

[16] 陆小翠. X 光强力输送带无损检测系统通信和图像处理软件的研究[D]. 天津工业大学, 2008.

[17] 乔铁柱, 闫来清, 乔美英, 等. 一种钢绳芯输送带在线虚拟测试系统及测试方法：山西，ZL102243189A[P].2011,11.

108

第五章　机器视觉检测原理及技术

针对矿用输送带的运行故障即纵向撕裂、横向断带、跑偏等在线检测，本章介绍了机器视觉检测技术。

本章首先概述了机器视觉检测技术，分析了矿用输送带表面损伤机器视觉检测技术的可行性，着重对图像分析算法进行阐述，在此基础上，设计出一种矿用输送带视觉检测系统。

5.1　机器视觉检测概述

视觉是人类观察和认知世界的重要方式和手段。经过粗略的统计，人类对外部世界的感知信息中有 75%以上来自人类的视觉系统，接受的信息量巨大。不仅如此，相对其他感官，人类对视觉信息的利用率更高。

人类的视觉过程可以简要地概括为对图像信息从感觉到认知的复杂过程，其主要目的是通过视觉系统获得对观察者有意义的信息、理解和描述，然后根据环境和观察者主观意愿的不同采取相应的反应。

把人类的视觉功能赋予机器，将为智能系统的发展带来巨大的推动作用，不仅拓展了智能系统的研究领域，而且将视觉和机器的优势结合起来，可以将人力从重复、危险、精细的工作分工中解放出来。

计算机视觉（Computer Vision）是研究计算机或机器在对自然场景的感受和理解领域的理论和技术，也称为机器视觉（Machine Vision）。其目的是理解相关场景的图像，辨识、定位目标，以确定研究对象的结构、空间排布和相互关系；依照人类或动物的视觉系统，开发出能够感觉和理解目标图像的计算机、机器人视觉系统。

机器视觉是一个从目标识别物的光信号经过相机采集转化为电信号，并传输给图像处理系统得出需要信息和结果的过程；而图像处理的过程简单地说就是一个提取目标特征并根据需求将特征信息表征和理解得出结论的过程。机器视觉检测系统结构如图 5-1 所示。

机器视觉，从 20 世纪 50 年代开始的二维图像的分析、识别，用来识别测试件及高科技领域图片；到 60 年代三维计算机视觉系统的研究；再到 70 年代计算机视觉理论基础的形成和 80 年代以来的飞速发展。至今机器视觉已有了 60 多年的发展历史，并已广泛应用于国民经济的各个领域。表 5-1 所列为机器视觉的应用领域。

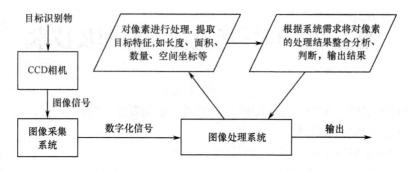

图 5-1　机器视觉检测系统结构图

表 5-1　机器视觉的应用领域

相关领域	典型应用
工业控制	产品的无损检测、探伤，商品自动分类，自动生产流水线，危险场合的工业机器人等
安全监控	指纹识别、人脸识别的门禁系统等
视觉导航	巡航导弹、无人机、机器人的视觉定位系统等
医疗保健	骨骼定位，X 射线照片的增强，CT，核磁共振等
生活娱乐	笑脸检测，自动驾驶，手写识别等

利用机器视觉技术对客观事物表面状况的检测，不仅可以排除人的主观因素的影响，而且还能够对检测的性能指标进行定量描述，减小人为检测的劳动强度，提高检测的效率和精度。

5.2　矿用输送带纵向撕裂的视觉检测

在煤矿生产运输中，矿用输送带在运行过程中经常出现跑偏、打滑、横向断带和纵向撕裂等故障。其中，纵向撕裂故障最容易发生，具体原因可以归结为以下几点：

（1）煤中的角钢等异物穿卡在溜槽、大架或托辊上造成输送带撕裂[1]。

（2）煤料卡在落煤漏斗或溜槽与输送带之间，对输送带压力和摩擦力越来越大，使输送带划伤并最终被扎穿和撕裂。

（3）运输机机头满仓堆煤，造成煤料楔入滚筒与机头两侧连接梁之间造成撕裂[2]。

（4）机头清扫器刮板夹挂金属丝、螺栓或角钢等锋利异物，把输送带磨透[3]。

（5）单侧跑偏使输送带一边褶皱堆积或折叠，进而被托辊端盖或机架刮破引起撕裂。

（6）矿用输送带抽芯撕裂。输送带在强烈的冲击力下造成内部钢丝绳断裂，经长时间摩擦和拉力的作用下，断裂的钢丝绳头露出到盖胶之外。当露出的钢丝绳足够长，被卷入滚筒或托辊等部位，钢丝绳从盖胶中被抽出引起撕裂[4]。

由于煤矿中输送带单机长度长达几千米或几十千米，一旦发生纵向撕裂，将有可能使整条输送带损坏，直接损失达上千万元，间接损失更是无法估计。此外，输送带作为煤矿生产过程的主要运输通道，纵向撕裂会造成严重的伤亡事故，是安全生产的巨大隐患。所以，解决输送带的纵向撕裂问题对于减少煤矿财产损失和人员伤害具有重要的意义。

输送带是运输系统的主要部件，以橡胶、钢绳芯为其主要组成部分，是运输系统生产和维护成本中最高的部件，占到 50%以上。输送带撕裂不仅会造成巨大的维修成本，而且作为关键设备也会严重影响生产任务的完成，造成严重的经济损失。按照运输系统输送带的运行特性，一旦输送带开始撕裂，如不及时停车就会导致输送带长距离的纵向撕裂，这更凸显了输送带撕裂检测、预防的重要性。

经研究调查发现：接触式检测技术多数虽然结构简单、安装方便、价格便宜，但可靠性差、误动作多、容易出现故障；X 射线检测器虽精度高，但对周围环境要求严格，输送带运行速度不能太高，而且造价高；嵌入法应用较多，但维护成本高，工艺复杂；原子物理法还在基础研究阶段，尚无成熟的技术。总之，由于煤矿井下特殊环境的影响，以上每种检测方法都有不成熟和不稳定的地方，主要体现在：有的需要耦合到输送带上，中间环节多，造价高；有的容易实现，但动作可靠性低，检测精度不高，误动作次数多，无法正常组织生产。所以，实际应用中大部分检测技术甩开不用，只是采用人工检测。只有少数几种检测装置在采用，但根本起不到保护的作用，不易推广使用。如今，输送带纵向撕裂问题已成为国内外业界普遍关注的技术难题。国内对输送带纵向撕裂检测的研究起步较晚。目前国内输送带纵向撕裂检测存在的主要问题包括：检测精度不高，容易漏报和误报，检测设备造价高。在煤矿生产高效的今天，输送带运行速度不断加快（现在 6m/s），纵向撕裂问题已成为大型机械设备运行的故障检测方面的难点之一。

利用机器视觉技术检测输送带的纵向撕裂问题具有以下意义：

（1）机器视觉技术作为一种非接触式的检测方式，对输送带无损害；

（2）利用机器视觉技术进行检测，可以避免手工检测的工作量和危险性的弊端；

（3）机器视觉具有检测精度高和检测速度快的特点，可显著提高检测效率。

5.3　矿用输送带纵向撕裂图像处理

图像处理是机器视觉系统的关键技术，结合矿用输送带撕裂的课题背景研究，选择合适的图像处理算法，并在实时性要求的前提下对算法进行优化。首先，以撕裂图像为对象分析输送带撕裂的图像特征；然后，以图像处理经典理论的阶段为路线，分为图像预处理、图像分割、识别等步骤渐进式分析撕裂图像；在每个阶段选择一些常见和实用的算法处理图像，对比结果；在对结果分析的基础上，选择较优算法或有针对性的探索处理方法，最终达到分离裂纹和实现裂纹判断的目的。机器视觉建立在图像处理的各种算法的基础上，图像处理的相关算法广泛应用于各行各业的各个领域[5]，如基于霍夫变换的变换车道检测[6]、边缘检测技术应用到耐火砖数量检测[7]和海面漏油检测[8]、基于小波平滑检测的超声波管道裂纹检测[9]等，其中都涉及到图像滤波、边缘检测等图像处理的相关算法。

目前，机器视觉检测一般都采用高分辨率的工业 CCD 相机，采集到的图像为数字灰度图像。其原因在于：

（1）现在大部分的彩色图像是采用 RGB 颜色模式，而实际上 RGB 图像并不能反映图像的形态特征，只是从光学原理上对颜色的调配，而灰度图是只含有亮度信息、不含色彩信息的图像。矿用输送带的纵向撕裂检测正是一种对撕裂形状的形态特征的检测及在此基础上的处理判断。

（2）灰度图像是像素值在 0～255 的表达方式，是 8bit 的图像，而 RGB 颜色模式是由红色、绿色和蓝色三个通道组成的，每一种颜色通道占用 8bit，这样三种颜色通道就需要 24bit，需要占用更高的处理器资源、存储和传输空间，而这部分额外的资源并没有带来更多的效益。

（3）灰度图像更利于使用相关的算法对图像进行增强、分割、形态学处理；在线撕裂的检测有一定的实时性要求，直接对灰度图像的处理能够给算法选择和图像处理留下更多的余量，更易满足实际应用的实时性要求。

图像处理算法研究的整个过程都是在试验室条件下完成的。相机采用的是工业级高分辨率的 CCD 相机；光源采用的是高亮度 LED 筒灯；而采集到的输送带的撕裂图像是从煤矿上得到的有撕裂条纹的真实输送带，采集到的图像具有较高的真实性。

在算法研究阶段，对图像进行的相关处理均是在 Matlab 环境下完成的。每一幅图像都可以理解为由每个像素点的像素值组成的数据矩阵构成的，而图像处理过程就是对图像中每个像素点的像素值做相关的卷积等运算。Matlab，又名矩阵试验室，是一种演算纸式的数据处理软件，以其强大的矩阵数据处理能力而闻名，在算法开发、数据可视化和对数据的分析领域表现出优秀的性能。以其作为算法研究的试验工具，将得到较好的效果，也比较具有说服力。

5.3.1 撕裂特征分析

图 5-2 是用维视图像出品的 MV-VD078SC/SM 型高分辨率工业数字 CCD 相机采集到的一幅输送带的灰度图像；光源采用了雷士 LED 筒灯，额定功率 20W，色温 6500K。小范围的局部条件下，可以认为光线为均匀分布。可以看出，图片

清楚地显示出了输送带撕裂状况的典型特征。

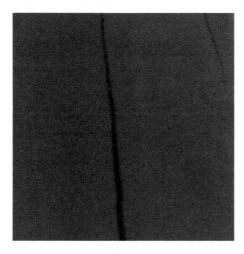

图 5-2　输送带撕裂图

综合考虑矿用输送带撕裂的一般现象和特征图像，可以概括出用 CCD 相机在均匀充足光源的条件下输送带撕裂的图像特征。

（1）撕裂条纹是按照输送带运输方向线形分布的。第一，运输系统输送带的运动是有方向性的；第二，考虑到输送带内部结构是均匀、密集地排布着彼此平行的几十到上百根不等的钢丝绳，致命的撕裂只能是沿着两根钢丝绳中间小间距的间隙进行；第三，从纵向撕裂的原因分析，撕裂的诱因是尖锐物品或者大冲击力导致钢丝绳间输送带的强度不足而产生的撕裂。所以，输送带撕裂条纹也是沿着纵向分布的，而且一旦撕裂就会形成比较长的连续纵向条纹。

（2）撕裂线条的宽度比较窄。运输系统输送带所用输送带强度大，并且有紧致的弹性。在锐物划破之后，裂纹在输送带本身的弹性和输送带内部高强度的钢丝绳作用下会自然收合，很多情况下还会出现裂缝两边缘的输送带互相重叠的现象。所以，输送带撕裂的特征图像的裂缝不会很大。

（3）输送带的颜色和裂纹的颜色相近。矿用输送带多为黑色，而产生裂纹后，裂纹处的颜色也是黑色，两种颜色相近，区别只在于颜色的深度和对光线的反光程度的不同，这给输送带纵向撕裂检测带来了一定的难度。

（4）裂缝像素的颜色深度与正常输送带的像素值有比较明显的区别。由于相机为灰度 CCD 相机，像素值均在 0 到 255 之间，在可见光条件下受到光强大小对像素区分度的影响并不十分明显。但由于同一平面光吸收度不同和同种介质在同角度光源照射下不同平面的区分，所以在强光照射下虽然图像的整体亮度不高，但是裂纹图像和正常输送带的差别还是比较明显的。

（5）裂缝的边缘像素值落差较大，裂缝边缘比较清晰。因为同种介质对光线的吸收程度是相同的，而裂缝产生后裂缝内部和输送带表面不在同一平面，加上光源照射角度的因素，可以比较容易地得出裂缝的边缘信息，所以可以考虑采用边缘检测的方法来提取撕裂信息[10]。

5.3.2　图像处理整体思路和算法设计

图像处理的流程由图像输入、预处理、分割、识别和分析理解几个部分构成[11]。首先，要对采集到的图像进行转换，将采集对象的光信号转换为电信号，并进一步转换为数字信号，以便进行后面的处理；然后，进入对图像预处理的过程，包括图像增强、图像恢复、图像编码等，为提取目标特征准备条件，除去干扰；之后，进入图像分割环节，图像分割包括边缘检测、区域分割、阈值和特征空间聚类等分割方法，目的主要是提取图像有效特征，而略去不关注的部分；最后，进行图像识别和分析理解，通过对提取出的图像有效特征的分析，获得图像处理的结果，完成预期目标。图像处理流程图如图5-3所示。

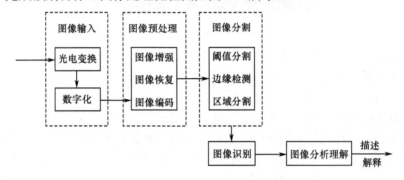

图 5-3　图像处理流程图

5.3.3　图像增强

由于采集、传输的工艺和环境的原因，原始图像在经过采集系统的时候或多或少会带有各种噪声和变形，这就降低了待处理图像的质量，影响对图像理解的准确性。所以，在对图像进行分割、分析和理解之前，需要提高图像的质量。图像增强是对图像质量进行改善的一般方法，通过有选择地突出感兴趣的特征而衰减不需要的特征，来达到质量改善的目的。图像增强的目的在于提高图像清晰度，改善视觉效果，突出感兴趣图像特征，以便于计算机分析处理和满足图像再现的要求。目前，在图像增强方面并没有一种统一的标准能够衡量图像增强的质量，是否达到预期图像增强的要求[12]，缺乏客观的数学量度，主要靠经验、人的主观判断和后续图像处理步骤的使用效果来说明图像增强效果的好坏，所以这里采用验证的方法来探究图像增强算法的可用性。

图像增强技术大致可以分为灰度变换增强、空间域图像增强和频率域增强。灰度变换增强包括直接灰度变换、直方图灰度变换、直方图均衡化和去相关拉伸等；空间域图像增强包括图像的平滑化和图像的锐化；频率域增强则有高通滤波器、低通滤波器、带通滤波器和带阻滤波器之分。此外，还有小波分析等算法在图像增强领域中的应用等。在图像增强的过程中，可采用单一的方法对图像进行图像增强，但在实际情况中则更有可能采用多种图像增强技术的组合，才能取得希望达到的效果。

如图 5-4 所示为均匀光照条件下采集到的两幅输送带撕裂灰度图像。需要说明的是，图 5-4（a）是在光照条件非常充足的条件下拍摄的，由于光照均匀，相机自动调整曝光量，撕裂条纹和正常输送带的区分度相对较小。

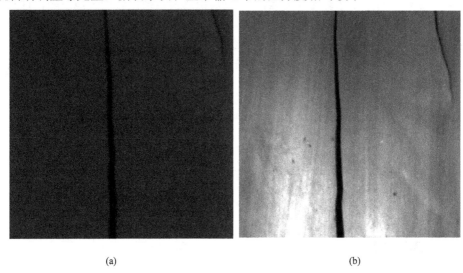

(a)   (b)

图 5-4　光照对比图

由图 5-4 可以看出，均匀光照条件下整个图片光亮度比较均匀，而由于输送带表面光滑，有光线反射的原因导致了图 5-4（b）所示的输送带光亮度上下不均匀。我们需要分别对这两种图像进行对比处理。

1. 图像分析工具

1）直方图

直方图是图像的重要统计特征，可以简单地认为直方图是图像灰度分布密度函数的近似。通常情况下，图像的灰度分布密度函数与像素在图示所在的位置直接相关。设图像在点（m，n）处的灰度分布密度函数为 $q(z, x, y)$，那么图像的灰度密度函数为

$$Q(z) = \frac{1}{S} \iint_D p(z, x, y)\mathrm{d}x\mathrm{d}y \tag{5-1}$$

式中：D 为图像的定义域；S 为区域 D 的面积。如果要得到图像精确的分布密度函数是比较难的，故在实际中常采用图像的直方图来代替分布密度函数。分布密度函数是一个连续的函数，而直方图是一个离散的函数，表示数字图像每一个灰度级与该灰度级出现频率的对应关系[13]。设一幅数字图像的像素总数为 N，

有 L 个灰度级，存在第 k 个灰度级的灰度 r_k 的像素共有 n_k 个，则第 k 个灰度级出现的概率为

$$h_K = \frac{n_k}{N}(k = 0,1\cdots,L-1) \tag{5-2}$$

图 5-5 所示为两幅目标图片的直方图。可以清楚地看到，图 5-5（a）中像素的像素值主要集中在 50 左右，这与图片的整体较暗相对应；同时，也可以看到，像素值在 25 左右也有一个小的波峰，对应的是裂纹位置较深的像素点。而图 5-5（b）的像素点的分布相对比较分散，50 以后像素值点数比较均匀地下降，这与输送带反光强度的均匀递减相对应；而同样是在 25 左右的像素值也出现了小的波峰，这个波峰对应的同样是输送带上撕裂条纹所对应的颜色较深的位置的像素点。图 5-5 一方面证实了图像直方图对灰度分布函数的对应关系，另一方面也为图像增强找出了处理依据。

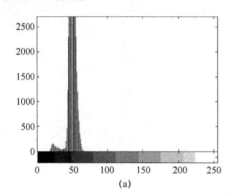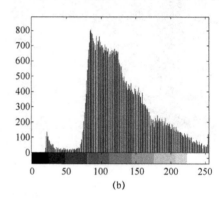

图 5-5　直方图对比

2）灰度的三维分布图像

在 Matlab 中提供了一种可以显示矩阵数组的三维分布图的函数 mesh，可以将一幅灰度图像的灰度分布用三维图像的形式显示表示出来。三维图分为三个坐标：x，y 坐标对应像素点（i, j）的位置信息；z 坐标表示像素点的像素灰度值 $f(x,y)$。画出的图形就是图像灰度值的三维分布，且颜色随着灰度值的由小到大而呈现出由蓝色向红色的变化，层次分明。

2. 灰度变换

灰度变换增强是根据某目标条件，按照一定的变化关系逐点改变原图中每个像素点的灰度值的方法。设原图像素的弧度值函数为 $D = f(x,y)$，处理后的图像像素的灰度值函数[14]为 $D' = g(x,y)$，则灰度增强可以表示为

$$\begin{cases} f(x,y) = T[f(x,y)] \\ D' = T(D) \end{cases} \tag{5-3}$$

通过变换来达到对比度增强的效果。当变换关系确定后就确定了一个具体的灰度增强的方法。下面以最常用的直方图均衡化来对图片进行处理。

116

直方图均衡化是一种能使图像的直方图近似服从均匀分布的变化算法[13]。在对图片进行处理前，我们可以预想一下，由于图 5-6（a）的像素点的值多集中在比较小的区域，对比度比较小，使用均衡化处理后的效果应该会相对比较好一些。得到的效果图如图 5-6（b）所示。

 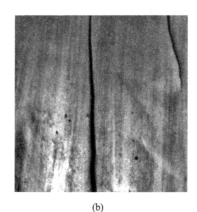

(a)　　　　　　　　　　　　　　(b)

图 5-6　均衡化对比

（a）均衡化前；（b）均衡化后。

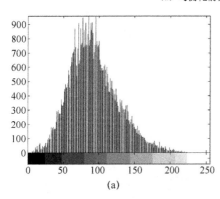 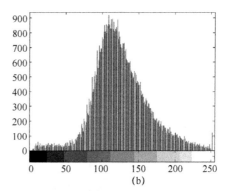

(a)　　　　　　　　　　　　　　(b)

图 5-7　均衡化直方图

（a）均衡化前；（b）均衡化后。

图 5-7 所示为均衡化前后的直方图。我们可以看出：虽然只用直方图均衡化处理后图片的整体灰度比较均匀地分布在了整个灰度区间上，拉大了灰度分布的区间，但在均衡化分布了背景信息的同时也均衡化分布了裂纹信息。原来直方图中在 25 左右存在的灰度值分布波峰被扁平化了，分布密度逐渐融入了背景分布的规律，这会带来以下后果。

（1）直方图均衡后，可以简单地理解为在 0～255 灰度值的分布域上，像素值高的像素点更高了，像素值低的像素点更低了，也就是加大了明暗的对比度，这一点已经从图 5-6 和 5-7 中明显地看出。图像裂纹的灰度值分布是一种类似峡谷型的分布，灰度值在从裂纹外部到内部的过程是一个变化速率较快的逐渐降低的过程。当灰度按照这样的衰减趋势达到一定的值后，我们可以判断其已经是裂纹缺陷；均衡化后，边界处的区别被拉大，也就是使裂纹边界的局部差别被放大，小范围内更容易检测出裂纹。

（2）当面分布密度均匀化后，像素灰度差距被放大，但原图中因为噪声和干扰的存在，加上本身灰度值大部分都分布在较低的灰度值范围内，噪声和干扰的部分也被放大，结果就是在裂纹边界的灰度渐变过程的判断过程中更难判断裂纹边界的进入点，从而得出对实际的撕裂程度的错误判断。从处理前后的图片对比我们也可以清楚地看出，虽然裂纹更容易识别了，但是裂纹的宽度却有了不同程度的缩小。

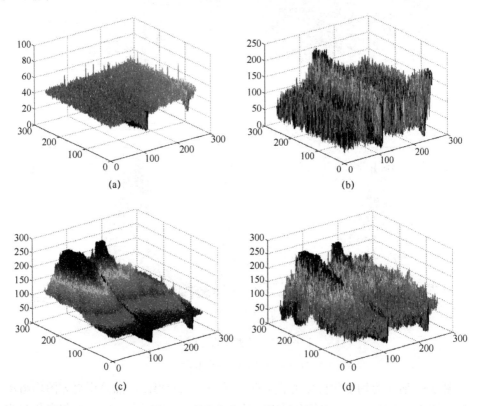

图 5-8　均衡化前后三维灰度图对比

（a）、（b）均衡化前三维灰度；（c）、（d）均衡化后三维灰度。

（3）从图 5-8 的三维灰度图对比中可以看出，对于图 5-8（a）和（b）来说，在均衡化的过程中，特征和背景的灰度值比例被同时放大，裂纹峡谷处灰度值与背景图的灰度值差距变小；同时，由于原图灰度值分布区域较小，正常输送带的图像灰度的微小变化也被严重放大，已经影响到裂纹特征的提取。而从图 5-8（c）

和（d）中可以看到，上述现象同样存在，而且这种放大效应已经产生了和裂纹处灰度值相近的正常输送带图像区，也产生了有用信息的严重失真，这就为后续的边缘检测和图像分割带来严重的困扰。

虽然为说明问题对图 5-8（a）和（b）的处理适当地放大了处理尺度，但通过分析可以得出初步的结论：图像的直方图均衡化可以改善图像的质量，放大特征信息，但是也要区别对待，而且还要根据实际取得图像的效果层次和信息掌握好均衡化度的把握。

在处理光照均匀、灰度区分度较小，而且非特征图像部分的灰度整体变化不大的图像时，均衡化在放大有效特征的同时，对非有效特征的放大也会影响有效信息，所以这种情况不适宜采用直方图均衡化处理。

在以提取边缘信息、对梯度变化比较敏感的特征为研究对象时，直方图均衡化处理图像之前，先采取平滑等图像增强的方式再考虑使用直方图均衡化，能够获得更好的效果。

3. 空间域滤波——图像平滑和锐化

一般情况下，某像素的领域比该像素本身要大，除了这个像素本身外还包含了其他像素。$f(x,y)$ 在 (x,y) 位置处的值不仅取决于该点的值，也取决于以该点为中心的邻域内的所有像素的值。在这个邻域内实现图像的增强操作，可用模板与图像卷积的方法实现。模板是个二维数组，数组中的元素取值确定了模板的功能，上述过程称为邻域处理或者空间域滤波。空间域滤波器的工作原理可以借助频域来分析，他们的特点都是让图像在傅里叶空间的某个分量范围受到抑制[14]，而其他分量不受影响，改变输出图像的频率分布以达到图像增强的目的。

空间域滤波按其邻域内的像素计算方法可以分为线性滤波和非线性滤波两种。计算为线性运算则为线性滤波，否则是非线性空间域滤波。线性滤波通常基于对傅里叶变换的分析，而非线性空间域滤波则多为对邻域的直接操作。

空间域滤波按其功能分为平滑滤波和锐化滤波。平滑滤波器能减弱傅里叶空间的高频分量而不影响低频分量，从而达到平滑图像的目的，其中高频分量是图像中区域边缘等灰度值有较大较快变化的部分；锐化滤波器能减弱傅里叶空间的低频分量而不影响高频分量，影响图像的整体对比度和平均灰度值，进而达到图像锐化的目的，其中低频分量是图像中灰度值缓慢变化的区域。

1）平滑滤波

（1）线性平滑滤波。

线性低通滤波器又称邻域平均法或均值滤波，是最常用的线性平滑滤波方法。它是一种局部空间域的梳理算法，基本思想是用目标像素点周围几个像素的灰度值的平均值来代替目标像素点的灰度值。例如，有一幅 $M \times N$ 个像素的图像 $f(x,y)$，平滑后得到一幅图像 $g(x,y)$，则 $g(x,y)$ 可表示为

$$g(x,y) = \frac{1}{M} \sum_{(m \cdot n) \in S} f(m \cdot n) \tag{5-4}$$

式中：$x, y = 0, 1, 2, \cdots, N-1$；$S$ 为 (x, y) 点邻域中所有点的坐标的集合，但不包括 (x, y) 这一点；M 是几何中坐标点的总数。平滑后该点的灰度值由 (x, y) 这点的邻域内几个点的平均像素灰度值来决定。通常算法是将图像中每个点邻域内 9 个点的平均值作为该点的灰度值来实现图像的平滑处理。模板表述为

$$\frac{1}{9}\begin{pmatrix} 1 & 1 & 1 \\ 1 & 1 & 1 \\ 1 & 1 & 1 \end{pmatrix} \tag{5-5}$$

（2）非线性平滑滤波。

中值滤波是非线性滤波中主要的处理方法，有比较好的噪声抑制能力，是由 Turky 在 1971 年提出的。基本原理是将数字图像序列中一点的值用该点邻域中各点的中值代替。定义为：数组 $x_1, x_2, x_3, \cdots, x_n$，把 n 个数按值的大小顺序排列为 $x_{i1} \leqslant x_{i2} \leqslant x_{i3} \leqslant \cdots \leqslant x_{in}$，则有

$$y = \mathrm{med}(x_1, x_2, x_3, \cdots, x_n) = \begin{cases} x_{i\frac{(n+1)}{2}} \\ \dfrac{1}{2}[x_{i\frac{(n+1)}{2}} + x_{i(\frac{n}{2}+1)}] \end{cases} \tag{5-6}$$

式中：y 为原序列的中值。把这个点特定形状的领域称为窗口，而一般情况下中值滤波器是一个含有奇数个像素的滑动窗口，而窗口正中的像素值用窗口内所有像素值的中值代替。

一般来讲，对于随机噪声的抑制，中值滤波的性能不如均值滤波。但对脉冲干扰来说，尤其是脉冲宽度比较小、相距较远的窄脉冲，中值滤波比较有效。

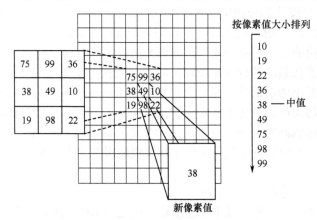

图 5-9　中值滤波原理

出于对实时性的考虑，算法尽量简化，所以中值滤波试验采用 3×3 的模板来实现。

（3）均值滤波与中值滤波的比较。

下面以对比度比较大的图 5-6（b）来做试验，处理得到效果如图 5-10 所示。

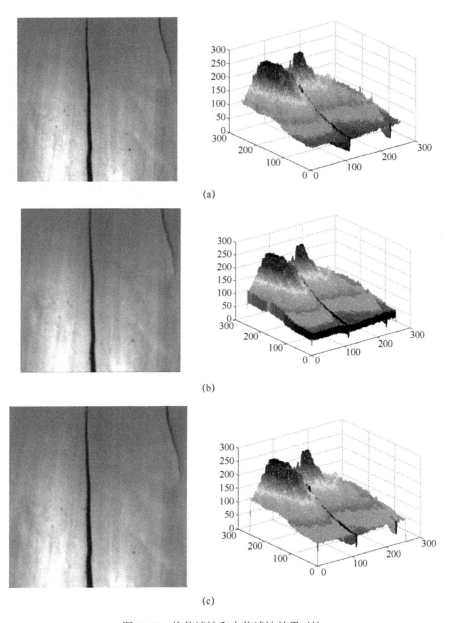

(a)

(b)

(c)

图 5-10　均值滤波和中值滤波效果对比

（a）图 5-6（b）及图 5-8（c）三维灰度图；（b）均值滤波后三维灰度图；（c）中值滤波后三维灰度图。

　　如图 5-10 所示，图像经过均值滤波和中值滤波处理之后，都去除了小的噪声和毛刺，小的高频噪声被去除，达到平滑处理的预期目的。在平滑处理的过程中，我们也可以清楚地看到，在噪声去除的同时，图像也出现了模糊和退化，尤其是均值滤波，模糊的情况更为明显；而相对均值滤波来讲，3×3 模板的中值滤波在细节的保留上更好一些。

对比平滑处理前后的三维灰度图可以看到，均值滤波将局部邻域的灰度值平均化导致图像整体的归一化，灰度过渡出现了较强的拖延，三维图面变厚，这与边界地带灰度值突变背道而驰，结果就是平滑处理的同时也缩小了有效信息和无效信息之间的差距，为边缘检测和图像分割带来了一定的困难，而中值滤波在边界上的表现要明显好于均值滤波。

2）锐化滤波

图像的锐化是为了突出图像的边缘信息，加强图像的轮廓，以便于人眼和机器的识别。从目的上讲，图像的锐化和图像的平滑是一个相反的过程。图像边缘的像素梯度变化都比较大，而模糊的边缘是边缘的灰度差异被减小的缘故。从数学的角度上讲，检查图像区域内灰度变化就是微分的概念，可以通过微分的方法对图像进行锐化。依据微分方法的线性与否，可将图像的锐化方法分为线性锐化和非线性锐化。

（1）线性锐化滤波器。

线性高通滤波器其实就是拉普拉斯算子。拉普拉斯算子是实线性的倒数运算，对于图像的运算满足各向同性的要求，这个特性有利于图像的增强。算子的表达式为

$$\nabla^2 f(i,j) = \frac{\partial^2 f}{\partial x^2} + \frac{\partial^2 f}{\partial y^2} \tag{5-7}$$

对离散函数 $f(i,j)$，差分形式为

$$\nabla^2 f(i,j) = \Delta x^2 f(i,j) + \Delta y^2 f(i,j) \tag{5-8}$$

式中：$\Delta x^2 f(i,j)$ 和 $\Delta y^2 f(i,j)$ 为 $f(i,j)$ 在 x 方向和 y 方向的二阶差分。离散函数的拉普拉斯表达为

$$\nabla^2 f(i,j) = f(i+1,j) + f(i-1,j) + f(i,j+1) + f(i,j-1) - 4f(i,j) \tag{5-9}$$

（2）非线性锐化滤波。

梯度模算子可以增加一幅图像的灰度变化幅度，进而实现图像锐化的功能，这也是最常用的非线性锐化滤波的方法。梯度模算子的优势在于其方向同性和位移不变性。

对于离散函数 $f(i,j)$，可以用差分来代替微分。

一阶差分定义为

$$\begin{aligned} \Delta_x f(i,j) &= f(i,j) - f(i-1,j) \\ \Delta_y f(i,j) &= f(i,j) - f(i,j-1) \end{aligned} \tag{5-10}$$

所以，梯度可以定义为

$$|G| = [\Delta_x f(i,j)^2 - \Delta_y f(i,j)^2]^{\frac{1}{2}} \tag{5-11}$$

另外一些算子也比较常用，如 Roberts 算子和 Sobel 算子。本节采用 Sobel 进行试验。

（3）线性高通滤波与梯度模算子的比较。

利用线性锐化滤波器中比较常用的线性高通滤波算法和非线性锐化滤波器中的 Sobel 梯度模算子对图 5-4（b）进行处理，观察图像处理的效果如图 5-11 和图 5-12 所示。

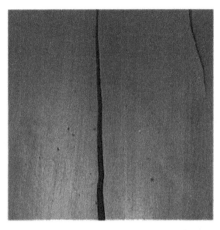 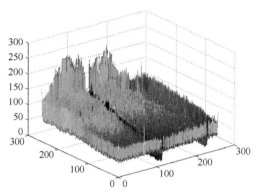

图 5-11　线性高通滤波算法效果图对应的三维灰度图

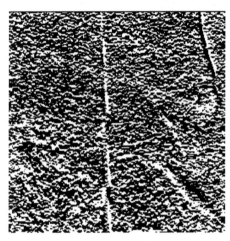 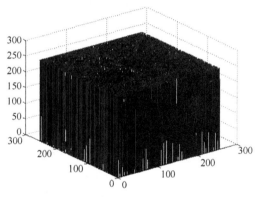

图 5-12　Sobel 梯度模算子处理效果对应的三维灰度图

由图 5-11 和图 5-12 可以看到：线性锐化滤波算法得到了更清晰的边缘，取得了比较好的效果，但图像的边框也被检测出来了，且正常输送带的图像也得到了锐化；Sobel 算子的非线性锐化滤波在锐化的过程中把边缘以及噪声和非边缘的信息都进行了程度较大的锐化，出现了严重的失真，对需要在空间域中处理并得到相应结果分析的应用场合并不适合。

4. 频域滤波增强

频域滤波增强是将图像从空间域变换到频率域，并在频率域对图像进行滤波

123

处理的算法。和空间域相比，频域滤波增强只是提供了不同视角来看待同一个问题，通常根据需要来判断工作是在空间域还是在频率域完成比较合适，或者在必要的时候在两者之间相互转换。

由信号分析理论可知，卷积理论和傅里叶变换是频域分析方法的基础。其中，傅里叶变换提供空间域到频率域的变换，并且能够借助其函数的特征，通过傅里叶反变换来进行重建而不丢失任何信息。

假定 $g(i,j)$ 表示函数 $f(i,j)$ 的线性时不变算子 $h(i,j)$ 卷积的结果，则有

$$g(i,j) = f(i,j) \otimes h(i,j) \tag{5-12}$$

因此可得

$$G(u,v) = F(u,v)H(u,v) \tag{5-13}$$

式中：G、F、H 分别为函数 $g(i,j)$、$f(i,j)$、$h(i,j)$ 的傅里叶变换；$H(u,v)$ 为滤波器的传递函数。图像增强中，图像函数 $f(i,j)$ 是一致的，所以，$F(u,v)$ 可以由傅里叶变换得到。

在实际应用中，首先要确定 $H(u,v)$，然后可以求得 $G(u,v)$，最后对 $G(u,v)$ 进行逆变换，即可获得增强的图像 $g(i,j)$。$g(i,j)$ 可突出原图像 $f(i,j)$ 中某方面的特征信息。若在整个过程中利用 $H(u,v)$ 增强高频信息（如边缘信息），则为高通滤波器；若增强的是低频信息（如平滑操作），则为低通滤波器。其系统框图如图 5-13 所示。

图 5-13　频域滤波器系统框图

整个过程分为三个步骤：

（1）将原图像 $f(i,j)$ 傅里叶变换得到 $F(u,v)$；

（2）$F(u,v)$ 与滤波器函数 $H(u,v)$ 进行卷积，得到函数 $G(u,v)$；

（3）对 $G(u,v)$ 逆变换达到增强图像 $g(i,j)$。

频域滤波增强和空间域滤波增强是殊途同归的图像增强算法。从频域滤波的原理和处理流程可以看出，频域滤波算法经过了从空间域到频率域的转换、在频率域中对图像进行处理突出图像特征、再从频率域转换到空间域的三个过程，处理过程复杂而且耗时。因为图像处理过程的最终应用环境是输送带纵向撕裂的在线检测，对图像处理的实时性有比较高的要求，相对复杂的频域滤波增强算法不能满足需要。

5. 基于形态学处理的去光照相干性特征突出算法

前面已经讲到，在光照均匀和有反光条件下取得了两张目标图像，以这两张

124

图像处理过程进行处理算法研究。但从前面的分析、处理和三维图效果可以看出：图 5-4（a）在光照均匀的条件下取得，虽然图像整体亮度不高，但图片的整体性比较好，背景变化不大，对其图像处理以及后续的图像分割都比较有利；而图 5-4（b）的亮度比较高，灰度值也比较均匀地分布在整个灰度分布图上，但是因为输送带反光的原因，导致了背景变化比较大，如果以整张图片为研究和处理对象，就会有比较大的困难。因而，需要有一种对撕裂条纹的特征影响不大，但却能将背景的变化衰弱，从而不影响撕裂条纹的分割和检测的方法。

如果能够从原始图片中仅仅提取出背景，而不影响撕裂条纹，那么可以将撕裂原始图像与背景图像做差值，便能够实现我们想达到的目的。在大量的试验和探索过程中，充分借鉴了数学形态学的处理方法[15,16]，将数学形态学的相关方法引入到图像增强部分，取得了较好的结果。

数学形态学（Mathematical Morphology）是图像处理中应用最为广泛的技术之一，其历史最早可追溯到 19 世纪。数学形态学是严格建立在数学基础上，并综合了多学科的知识理论的交叉学科，理论技术深厚，但基本观念却比较简单。数学形态学的描述语言是集合论，我们可用其提供的强大的工具对物体的几何结构进行分析，并用来图像处理；其过程就是运用数学形态学的基本概念和运算，将结构元素灵活的组合、分解和变换序列来达到图像分析的目的。数学形态学主要用于从图像中提取出对表达和描绘图像区域的形状有意义的分量，突出目标对象的特征；它比在空间域、频率域的图像处理和分析方法有明显的优势；可以借助先验的几个特征信息，用形态学算子有效地滤除噪声，同时又能保留图像中原有的有效信息[13]。

形态学图像处理有四种基本的运算，即膨胀、腐蚀、开操作以及闭操作[17]，下面对这四种基本算法做简要介绍。

（1）膨胀和腐蚀

膨胀和腐蚀是两种最基本的，也是最重要的形态学算法，后续的高级形态学的算法多是基于膨胀和腐蚀这两种基本的算法的复合。

①形态学膨胀。

Z 平面上的两个集合 A 和 B，使用 B 对 A 膨胀的定义为

$$A \oplus B = \left\{ z \middle| \left(\hat{B} \right)_z \cap A \neq \varnothing \right\} \tag{5-14}$$

让位于图像原点的结构元素 B 在整个 Z 平面上移动，当其自身的原点平移至 Z 点时，B 相对于其自身的原点映像 $\hat{B}$ 和 A 有公共的交集，即 B 和 A 至少有一个像素是重叠的，则所有这样的 Z 点构成的集合就是 B 对 A 的膨胀图像。膨胀可以使目标图像扩大。

②形态学腐蚀。

Z 平面上的两个集合 A 和 B，使用 B 对 A 腐蚀的定义为

125

$$A\ominus B = \left\{Z \mid (B)_z \subseteq A\right\} \qquad\qquad (5\text{-}15)$$

让位于图像原点的结构元素 B 在整个 Z 平面上移动，如果当 B 的原点平移到 Z 平面，B 能够完全包含于 A 中，则所有这样的 Z 点所构成的几何就是 B 对 A 腐蚀的图像。腐蚀可以使目标图像缩小。

（2）开操作和闭操作

开操作和闭操作都是由膨胀和腐蚀复合而成的。开运算就是将图像先腐蚀再膨胀；闭运算是个相反的过程，先膨胀，后腐蚀。

①开操作。使用结构元素 B 对集合 A 进行开操作，定义为

$$A \circ B = (A \otimes B) \oplus B \qquad\qquad (5\text{-}16)$$

②闭操作。使用结构元素 B 对集合 A 进行闭操作，定义为

$$A \bullet B = (A \oplus B) \otimes B^{[18]} \qquad\qquad (5\text{-}17)$$

开运算能够"去毛刺，断峡谷"，可以使图像的轮廓变得光滑，并能使狭窄的连接断开；而闭运算刚好相反，能去除小孔，填平轮廓缺口。

（3）处理过程

使用背景变化较大的图 5-4（b）作为研究对象进行试验。利用前面研究的成果，对图 5-4（b）进行中值滤波平滑处理，作为待处理图片，如图 5-14 所示。

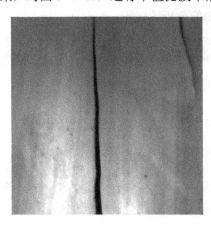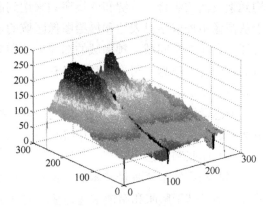

图 5-14　形态学去背景原始图

①对图像背景的估计。图像的背景从上半部到下半部是一个从暗到亮的变化；撕裂条纹灰度值比较低，而背景的灰度值比较高。

对图像采取一次取反操作，在反相图中提取出大致的背景。因为灰度图像的像素值为 0～255 的 256 个灰度阶，若 I 为原图像的灰度值矩阵，J 为取反后的灰度值矩阵，那么反相矩阵可表示为

$$J = 255 - I \qquad\qquad (5\text{-}18)$$

式中：J 为 I 的反相图像矩阵。取反操作效果如图 5-15 所示。

②提取背景图像。反相图像仍然带有有效的撕裂条纹特征，提取背景图像就

需要将我们关注的有效信息剔除出去。可以采用一个圆盘形的结构元素来对图像进行一次开运算，选择合适的圆盘结构元素的半径，对图像腐蚀操作，腐蚀掉特征条纹的信息，然后再膨胀，生成反相图像的背景图像。经过试验，当圆盘半径在 15 左右时，既能有效地去除有效条纹，又不会因为膨胀的关系引入太多的干扰。处理结果如图 5-16 所示。

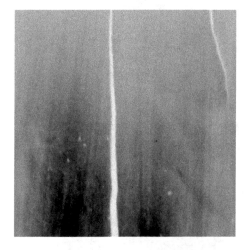

图 5-15　取反图

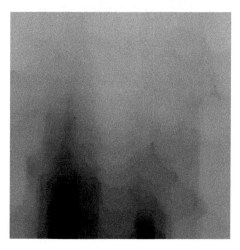

图 5-16　背景图

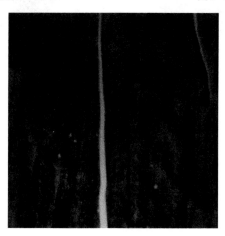

图 5-17　去除背景图

　　③去除背景和提高对比度。将反相图减去反相背景，得到的就是去除背景的原图反相图，如图 5-17 所示。可以看出，经上述操作原来背景不均匀的图像的背景已经基本均匀。但是，因为在减去背景时，随着背景减去的也有撕裂条纹的部分信息，这也是为什么没有在原图中进行去除背景处理的一个重要原因。同时，因为图像比较暗，我们可以通过提高对比度的方法来将图像的对比度的线性提高，突出裂纹信息。效果如图 5-18 所示。

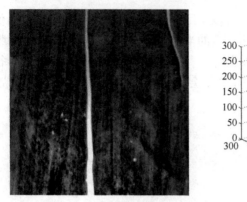 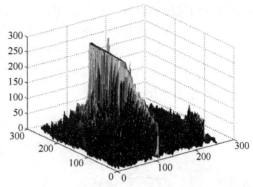

图 5-18　提高对比度

可以看到，随着对比度的提高，撕裂条纹的辨识度有了明显的增加。

④再次做一次反相运算，得到最终效果图，如图 5-19 所示。

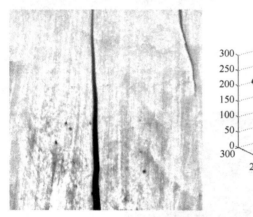 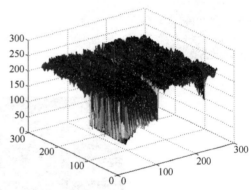

图 5-19　二次取反图

从图 5-19 所示的最终效果图片和三维灰度分布图中可以得出以下结论：基于形态学处理的去光照相干性特征突出图像处理方法有效，不仅借助数学形态学的处理方法去除了背景的光照不均匀的干扰，撕裂条纹的有效特征基本得到保留；同时又增加了图像对比度，突出了图像有效特征，实现了图像增强的要求。

图 5-20 为数学形态学去背景的处理流程图。

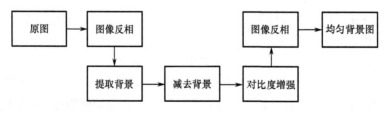

图 5-20　数学形态学去背景处理流程图

（4）对比试验

再以同样的流程对图 5-4（a）进行处理，再次验证该方法在均匀光照条件下的效果。如果可行，那么在最终的实际应用中就可以采取归一化的处理方法，减弱或者排除光照不均匀对图像识别的影响。

处理结果如图 5-21 所示。

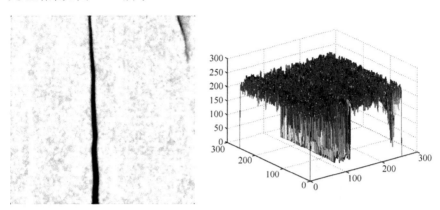

图 5-21　图 5-4（a）对比试验

可以看出，对图 5-4（a）的处理同样取得了非常好的结果，证明了此方法的有效性和归一化图像增强的可能性。

5.3.4　图像分割

人们在对图像的研究和应用中常常会只对图像中的某些部分感兴趣，这些感兴趣的部分称为目标。目标会表现出独特的性质，通常是图像的灰度值、轮廓曲线、颜色或纹理等有特殊性。对目标的研究首先建立在把目标提取出来的基础上，为了识别图像中的目标而将其从图像中提取出来的技术就是图像分割。在图像分析的过程中，图像分割技术占据着重要的地位，同样是图像理解和识别的前置步骤和基础。

图像分割的方法和种类非常之多，常用的有阈值分割、边缘检测、区域分割等。下面选出几种有可能适合用于图像在线检测的技术进行研究。

1. 灰度阈值法

灰度图像的阈值分割就是将所研究的图像的灰度分成不同的等级，然后研究有意义区域的灰度特征，根据研究结果设置灰度的阈值而将目标区域分割出来的方法。常用的阈值化的处理方法是图像的二值化，通过选择一个阈值，将一幅灰度图像转换为一幅黑白的二值图像。

二值化的变换函数形式为

$$g(x,y)=\begin{cases} 0 & (f(x,y)\leqslant T) \\ 255 & (f(x,y)>T) \end{cases} \tag{5-19}$$

129

二值化是个阶梯函数，是灰度级的非线性运算，阈值的选取对于处理的结果有非常大的影响。以之前提到的图 5-4（a）的直方图为例，经过分析可以判断灰度值 50 左右的大波峰是背景像素集中的灰度值，而 25 左右是裂纹像素集中的灰度值，故阈值选在 25～50 之间的 35 和 40 为阈值，分别对图 a 进行阈值分割，得到结果如图 5-22 所示。

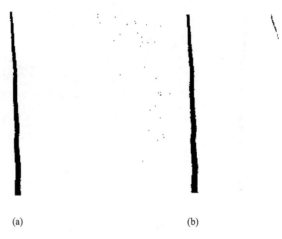

(a)   (b)

图 5-22　二值化对比图

（a）阈值 35；（b）阈值 40。

两个阈值选择都达到了阈值分割的目的，符合预想。但阈值为 35 时，小的裂纹被过滤掉了；而阈值为 40 时，出现了部分小裂纹，但同时也有小的噪点没有被处理掉。这种阈值分割的方法就是试验阈值分割法，结果的好坏取决于试验人员的阈值选择。使用试验的方法最终能够达到想要的结果，但这种方法不能用在在线检测的程序中。

可以用迭代法阈值分割来代替试验法选择阈值[19]。迭代法阈值的选择方法的基本思想是：首先选择一个阈值作为初始估计值，然后按照特定的迭代规则不断更新这个估计值，直到满足给定条件为止。这个过程关键在于怎样选择迭代规则，好的规则必须既能快速收敛又能在每次迭代中得到优于前次的结果。这种算法原理如下：

（1）以图像中的灰度最大值 R_{max} 和最小值 R_{min} 的平均值为初始值 T_0。

（2）由 T_0 可将图像分割为两部分，即背景和目标。求出两部分的平均灰度为

$$R_0 = \frac{\sum\limits_{R(i,j)<T_K} R(i,j) \times N(i,j)}{\sum\limits_{R(i,j)<T_K} N(i,j)} \tag{5-20}$$

$$R_G = \frac{\sum\limits_{R(i,j)>T_K} R(i,j) \times N(i,j)}{\sum\limits_{R(i,j)>T_K} N(i,j)} \tag{5-21}$$

130

式中：$R(i,j)$ 为图像上 (i,j) 点的灰度值；$N(i,j)$ 为此点的权重系数，一般 $N(i,j)$ 是 $R(i,j)$ 的个数；T_K 为阈值。

（3）重新选择阈值 T_{K+1}，即 $T_{K+1} = \dfrac{R_0 + R_G}{2}$

（4）若 $T_K = T_{K+1}$ 则结束，获得的就是最佳的分割阈值；否则，返回第（2）步。

对图 5-4（b）处理结果如图 5-23 所示。可以看出，迭代法阈值分割得到了比较满意的效果。

图 5-23　迭代法阈值分割效果

2．边缘检测法

一幅图像的边缘是其最基本的特征，数字图像的边缘检测是目标识别和分析领域的重要基础，是图像识别中的重要属性。图像的边缘是指图像局部亮度变化最为显著的部分[20]，可能表现形式有阶跃型、屋顶型和凸缘型；在灰度值、颜色和纹理结构等的突变处会体现出物体的边缘特性。边缘检测能够大幅度减少数据量，同时保证图像的重要结构属性。边缘检测的基本思想是先检测出图像的边缘点，再按照相应的方法将边缘点连接成轮廓，构成分割区域[21]。为了方便，在实际应用中一般是将算子以微分算子的形式表示，然后再快速卷积，这种方法快速而有效。

边缘检测的常用方法有微分算子（Roberts 算子、Prewitt 算子、Sobel 算子）、拉普拉斯高斯算子（LOG）和 Canny 算子等[22]。

表 5-2 列出了微分算子中常用算子模板及其特点。

表 5-2　常用算子的模板及特点

算子名称	H_1	H_2	特点
Roberts	$\begin{pmatrix} 0 & 1 \\ -1 & 0 \end{pmatrix}$	$\begin{pmatrix} 1 & 0 \\ 0 & -1 \end{pmatrix}$	边缘定位较准，对噪声有抑制作用

算子名称	H_1	H_2	特点
Prewitt	$\begin{pmatrix} -1 & 0 & 1 \\ -1 & 0 & 1 \\ -1 & 0 & 1 \end{pmatrix}$	$\begin{pmatrix} -1 & -1 & -1 \\ 0 & 0 & 0 \\ 1 & 1 & 1 \end{pmatrix}$	平均、微分，对噪声有抑制作用
Sobel	$\begin{pmatrix} -1 & 0 & 1 \\ -2 & 0 & 2 \\ -1 & 0 & 1 \end{pmatrix}$	$\begin{pmatrix} -1 & -2 & -1 \\ 0 & 0 & 0 \\ 1 & 2 & 1 \end{pmatrix}$	加权平均，边宽 ≥ 2 像素
Isotropic Sobel	$\begin{pmatrix} -1 & 0 & 1 \\ -\sqrt{2} & 0 & \sqrt{2} \\ -1 & 0 & 1 \end{pmatrix}$	$\begin{pmatrix} -1 & -\sqrt{2} & -1 \\ 0 & 0 & 0 \\ -1 & \sqrt{2} & 1 \end{pmatrix}$	数值反比于临点与中心点距离，检测沿不同边缘方向时梯度幅度一致

对于比较复杂的图像，2×2 的 Roberts 算子得不到效果好的边缘，而相对复杂的 3×3 的 Prewitt 算子和 Sobel 算子检测的效果较好。

微分算子是利用图像边缘处梯度最大的性质进行边缘检测，即灰度图像的拐点位置就是边缘。除了利用这一性质之外，图像的边缘还有另外一个性质，即拐点位置的二阶导数为零。我们可以利用这个性质进行图像的边缘检测，经过逐步改进，这种算法的典型代表是拉普拉斯高斯算子（LOG）。拉普拉斯高斯算子是一个带通滤波器，基于二阶导数的性质进行检测，为减弱二阶导数对噪声的敏感性和不稳定性，滤波器自身带有平滑处理的操作；研究表明，LOG 算子是比较符合人的视觉特性的。

除了微分算子和拉普拉斯高斯算子外，还有一个非常重要的边缘检测算子——Canny 算子，它是最优的阶梯型边缘检测算子；它对收到白噪声影响的阶跃型边缘是最优化算子。

我们用图 5-4（a）经过中值滤波处理过的图像为目标，采用几种边缘检测算子对图像进行处理，并对比结果。

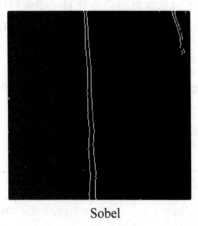

Sobel

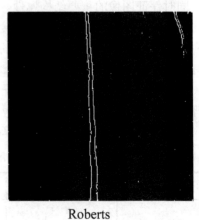

Roberts

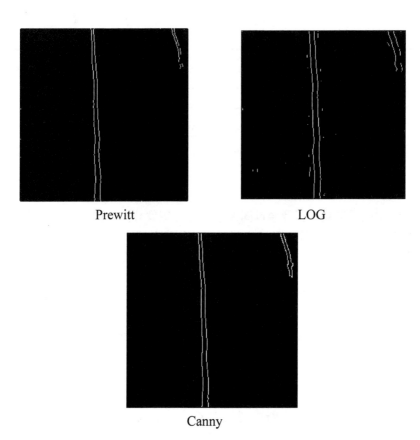

Prewitt   LOG

Canny

图 5-24   边缘检测效果对比

通过对处理结果的对比，可以得出结论：以上各种算法都获得了图像中撕裂条纹的边缘；Roberts 算子和 LOG 算子在对图像的处理后仍留下了大量的噪声干扰，尤其是 LOG 算子，噪点有被拉长的趋势；Prewitt 和 Sobel 算子表现较好，不仅表现出对噪声较好的抑制能力，也保持了有效边缘的检出。相比其他算子的处理结果，可以明显地看出：Canny 算子的处理效果是最好的，不仅对噪声的抑制效果非常好（基本已经看不到单独存在的噪声），而且得到的边缘非常清晰，连续性好，尤其是图片右上角的小裂纹，经处理得到了封闭的边界。

对各边缘检测算子图像处理所需要的时间进行统计，并以此为根据初步判断算法的实时性特征。表 5-3 列出了各算法的运行时间。

表 5-3   各算法的运行时间

算子类型与参数	运行时间/s
Sobel 0.1	0.019127
Roberts 0.1	0.165281
Prewitt 0.1	0.143005

算子类型与参数	运行时间/s
LOG 0.003，$\sigma = 3$	0.101356
Canny 0.3	0.334444

从表 5-3 中也可以看出，Canny 算子运行时间是最长的[23]，实时性较其他算子差，实际使用时要考虑系统的实时性要求。

5.3.5 图像分析与识别判断

CCD 相机采集到的图像经过图像预处理、图像分割，能够得到特征突出、干扰信息较少的待判断图片。下一步就是怎样用高效而准确的识别方法来判断采集到的图片信息中是否包含撕裂条纹；如果有，判断程度如何，是否满足停车报警的要求。

仍以图 5-4（a）为例。以阈值分割后的图片来看，经过阈值分割后，撕裂条纹和背景已经完全被分离开，其中：图片为二值图片，有效的撕裂条纹为黑色，用 0 表示；而背景则为白色，用 1 表示。在此基础上寻找方法判断是否撕裂以及撕裂的程度。

1. 直接累积法

由于有效信息和无效信息的界限分明，我们可以通过将整张图像的有效信息累加对比阈值的方法来判断撕裂的程度。设 I 为图像的矩阵表达，首先对 I 取反，有

$$J = 1 - I$$

式中：J 为原图像的反矩阵。这样有信息的像素点值即为 1。设 $f(x,y)$ 为 J 中的任意点的值，取

$$T = \sum_D f(x,y) \tag{5-22}$$

式中：D 为 J 图像矩阵表示的平面；T 为源图像中所有代表有效信息点值的总和，即 T 值的大小即能够体现撕裂程度的大小。经过现场实现预先确定有效值的上限 T_0，则当 $T > T_0$ 时，我们认为存在撕裂，并且已经达到威胁生产的程度。也可以采用双阈值法，把小于 T_0 的某经验数值设置为预警阈值 T_1，当 $T_1 < T < T_0$ 时产生报警信息，但不停车；当 $T > T_0$ 时紧急停车。

2. 复杂度与密集度

（1）区域复杂度。测量图形的复杂度时，其特征量可以描述为

$$e = \frac{周长^2}{面积} \tag{5-23}$$

$$e = \frac{周长^2}{面积} \overset{对于圆}{=} \frac{(2\pi R)^2}{\pi R^2} = 4\pi \tag{5-24}$$

当图形的形状接近于圆时，e 趋近于最小值（4π）；反过来，图形的形状变得越复杂，e 的取值变得越大。

（2）区域的密集度可表示为

$$C = \frac{面积}{周长^2} \tag{5-25}$$

圆是密集度最高的图形。由密集度可知：当图形的周长确定后，图像的密集度越高，所围面积越大。所以，比值 $d = \frac{4\pi}{e}$ 可以描述图形的密集程度，$0 \leqslant d \leqslant 1$。

区域的复杂度和密集度成反比例关系，可以将复杂度和密集度引入到撕裂检测中来，预先设定阈值 d_0 或 e_0，超限则报警。

3．体态学

体态比是指某区域的最小外接矩形的长和宽的比值，由定义可知：

（1）圆和正方形的体态比等于 1；

（2）细长形物体的体态比大于 1。

图 5-25 所示为体态学常见的几种形状。

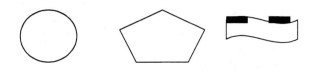

图 5-25　体态学说明

输送带的撕裂条纹必然是狭长的形状，真正的撕裂条纹的体态比一定比较大；同时由于相机的安装位置、距离、输送带的宽度和材料的情况是一定的，如果有撕裂情况发生，撕裂的条纹宽度变化是不大的。可以根据所采集的图像的范围大小和撕裂条纹的宽度值，预先设定一个体态比值作为阈值 T_0，检测图像中最大特征个体的体态比超过 T_0 时报警。

4．套模法

在对撕裂图像的观察思考过程中，本书提出了一种运用"套模法"检测输送带撕裂的新思路。从前面对撕裂图像和多步处理后的图像的分析中，可以得出：

（1）撕裂条纹与正常图像的灰度值是有差别的；

（2）撕裂条纹是有一定宽度的；

（3）撕裂条纹的整体必然是纵向狭长的。

套模法的基本思想是：在满足一定条件的同一个连通域中，用事先设定好尺寸的正方形或者圆形标准模板在此区域中套用对比。当存在两个或者两个以上可以被套用其中的标准模板，并且两模板中心点的间距超过一定值，则认为满足报警条件。

若图片为灰度图，则模板套用的基本条件为满足撕裂条纹灰度特征的灰度阈（灰度值小于等于裂纹灰度的连通区域）；若为二值图像，则条件为灰度值为 0 的连通区域。

如图 5-26 所示，为了方便说明，图像进行了一次取反操作。可以看到条纹区域为白色区域，则符合条件的连通区域就是被黑色包围的白色区域。假设阈值模板大小选用 $m×m$，在此连通区域内若能找到满足套用此 $m×m$ 模板的至少两片区域，并且两区域的中心直线距离超过直线阈值 L，则可以判定该图像中存在满足条件的撕裂条纹。

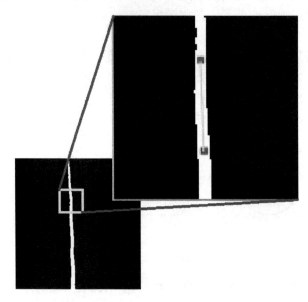

图 5-26　套模法

5. 连通域面积判定法

采用 Canny 边缘检测算子对图像进行处理得到边缘封闭性好的处理后图像，计算出图像中所有封闭的连通区域的面积，求出所有连通区域的面积最大值，以此面积值与预先设定好的阈值进行对比，超限则报警。

6. 强形态学细化

形态学检测[24]研究提出了撕裂检测形态学的另一种思路，即强形态学细化。图像的细化常用于文字识别和疲劳检测领域，现将其引入到输送带的撕裂检测领域[25]。

图像细化的目的在于对源图像的骨架的提取，即将原图像中线条宽度大于 1 个像素的线条区域细化成只有一个像素宽的曲线，得到原图像"骨架"。其优点在于忽略所有不关心的细节特征，直接对反映本质特征的"骨架"进行分析。

图像的细化需要满足以下原则：

（1）能够将条形区域的二值图像变成一条薄线；

（2）薄线应位于原条形区域的中心；

（3）薄线应保持原图像的拓扑特性。

如图 5-27 所示，图像的细化操作排除了噪声等非有效信息的干扰，对背景的处理效果要求不高，可以直奔主题地提取出撕裂条纹的骨架信息，并且特征条纹的拓扑结构不变。对撕裂程度的判断只需要测算细化后图中骨架线条中最长线条长度，并将测量结果与预先设定好的阈值对比，便可轻松获得撕裂信息。

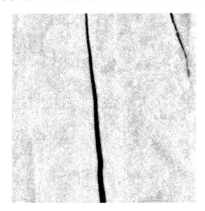

图 5-27　细化效果

需要指出的是：

（1）图像的细化操作需要对待处理图像进行二值化处理，而因为细化算法对背景的噪声干扰要求较低，所以在满足基本的处理条件下，二值化应尽量多地保持有效信息。

（2）细化处理要得到理想的效果，需要在二值化之前将图像的背景亮度调整得尽量均匀，至少应与撕裂条纹的整体灰度值有较为明显的区别。这在图像的预处理中已经找到的了有效的方法。

（3）图像是在存在撕裂条纹的条件下测量的，但可以想象在没有撕裂条纹的条件下本方法也是有效的。

经过分析可知，细化操作对背景的要求不高，即使存在较大的缺陷，其影响也会在最后的判断中被忽略掉。但是细化操作需要满足一个前提：在图像二值化后可以不考虑噪声和缺陷的干扰，但却必须保证二值化后的图像的背景主体像素值为 0，即背景主体为白色。这一点在实际检测中可以通过固定二值化阈值的方法来解决，即根据实际情况在正常条件下的输送带背景灰度与撕裂后条纹的灰度之间选取某值为二值化阈值。这样，没有撕裂或者有小的干扰在二值化后细化处理得到的条纹长度均不会达到报警的阈值；真正有撕裂情况时则会触发报警。

这种方法可以降低对预处理的要求，不需要平滑处理，同时也不需要再进行边缘检测等步骤，算法简单也更易于满足实时性的要求，不失为一种比较优选的思路。

7. 图像识别算法的比较

表 5-4 列出了各图像识别算法的比较。

表 5-4 各算法比较

识别算法	适用	优点	缺点	备注
直接累积法	二值图像	算法简单，计算量小	无法判断形状是否为裂纹特征；易受干扰影响	比较适用于已判断出裂纹的存在性，并经过大的干扰滤除后的撕裂程度判断
复杂度与密集度法	二值图像	对复杂图形处理直接	可能会受大噪点的影响，非封闭区域面积不易求得	可从图像整体考虑为广义周长和面积，即周长和与面积和，但准确率不能保证
体态学	二值图像	算法简单，判断较为准确	处理对象为单独对象	可先提取面积最大的特征区域进行判断
套模法	二值/灰度	算法简单，判断准确，对图像增强的要求不高		
连通域面积判定法	二值图像	判断方法容易理解	增强算法耗时长，依据简易，容易出现误判，计算量大	
形态学细化	二值图像	算法简单，判断直接，精度高		以"骨架"长度这一最直接的要素为判断标准

从对各识别算法的分析可知：在预处理和图像增强充分的前提下，直接累积法是一种比较实用的判断方法，但最好结合撕裂存在性判断方法一起运用，可能会有比较好的判断效果；复杂度和密集度判定方法仍需要进一步的研究和算法优化；体态学算法简单，可提取最大面积进行判定，或在图像增强过程对干扰的抑制效果比较好的前提下对所有单独的连通域进行判定，可以达到预期的目的；连通域面积判定法运算要求高，不适宜在实时性要求较高的场合使用；套模法和形态学细化法的实用性较强，准确率较高。以上各算法，都还有待实际程序和试验的验证。

5.4 矿用输送带视觉检测系统的设计

5.3 节详细叙述了机器视觉检测方法的关键步骤——图像处理。在此基础上，采用机器视觉技术研制一种输送带纵向撕裂在线检测系统，开发其系统硬件，设计其系统软件及以太网通信软件，实现对输送带的跑偏、表面损伤和纵向撕裂等故障的在线检测，并能够在检测到输送带纵向撕裂时输出控制停机信号。

所选运输系统输送带的主要参数如下：

（1）运输机型号：DTL120/120/2*1120。

（2）输送带带宽：1.2m。

（3）输送带长度：1000m。

（4）带速：4 m/s。

针对运输系统输送带的具体参数和型号，研究输送带运行图像的高速采集技术，提出基于机器视觉的输送带纵向撕裂检测方法，实现对输送带运行图像的高速检测，提高输送带跑偏、表面损伤和纵向撕裂等故障检测的准确性、可靠性和实时性。研究输送带运行图像传输技术，利用以太网通信技术实现工业级 CCD 输送带运行图像的高速传输，提高其传输效率、检测精度。研究机器视觉的输送带运行图像的处理识别算法，提出运行图像的处理算法、故障识别算法、定位算法，提高输送带故障检测的准确性和实时性；进行防爆设计，制作样机。

1. 输送带运行图像的高速检测技术

研究输送带运行图像的高速检测技术，提出基于机器视觉的输送带纵向撕裂检测方法，采用工业级 CCD 摄像机采集输送带运行图像，利用机器视觉技术实现对输送带运行图像的高速检测，提高跑偏、表面损伤和纵向撕裂等故障检测的准确性、可靠性和实时性。基于机器视觉的输送带纵向撕裂在线检测系统的工作过程是当高亮度的线形光源发射的光线照射在输送带表面时产生漫反射光，漫反射光的光强与输送带表面特性有关，线阵 CCD 摄像机通过线扫描感应漫反射光，每次扫描摄取与运行方向垂直的输送带的一行图像，并通过以太网传输给计算机。计算机利用输送带表面图像的快速处理算法、纵向撕裂故障图像的特征提取和识别与定位算法对机器视觉的输送带表面图像进行处理，分析和识别输送带跑偏、表面损伤和纵向撕裂等故障，发现故障时给出故障报警和控制停机信号。

2. 输送带运行图像传输技术

研究输送带运行图像传输技术，利用以太网通信技术和 ARM 技术研制通信终端硬件和以太网通信软件，实现工业级线阵 CCD 摄像机的输送带运行图像的高速传输，提高其传输效率、检测精度。

3. 机器视觉输送带运行图像的处理识别算法

采用图像处理技术和模式识别技术，研究机器视觉的输送带运行图像的处理识别算法，提出运行图像的处理算法、故障识别算法、定位算法，提高输送带故障检测的准确性和实时性。纵向撕裂故障图像的特征提取和识别与定位算法流程图如图 5-28 所示。

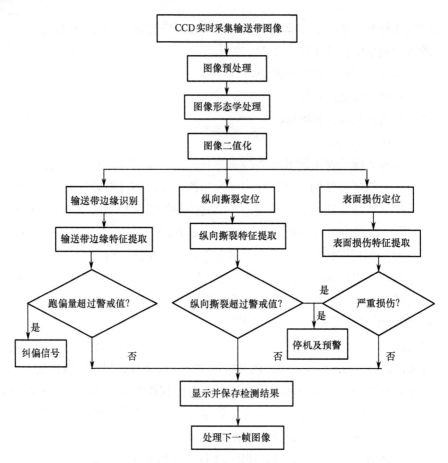

图 5-28　纵向撕裂故障图像的特征提取和识别与定位算法流程图

1）基于机器视觉的输送带纵向撕裂故障图像的特征提取算法

特征提取方法分为线性与非线性特征提取算法，其中：线性特征提取算法有边缘检测法、PCA法、Fisher鉴别分析法等；非线性特征提取算法有核方法、Kohonen匹配、流形学习等。在此基础上提出适用于输送带表面图像特征提取的新算法。

2）基于机器视觉的输送带纵向撕裂故障图像的识别与定位算法

基于机器视觉的矿用输送带纵向撕裂故障图像的识别与定位算法分为故障识别和故障定位两类算法。对输送带的跑偏故障的检测主要通过在表面图像上设置跑偏警戒线的方法；表面损伤和纵向撕裂故障的检测主要通过输送带表面裂纹的特征进行判断，主要包括裂纹的粗细、方向、横向长度、纵向长度、面积、矩形度等。图 5-29 为输送带表面裂纹图像。

通过在输送带表面图像上设置的数字标尺，结合故障检测结果，实现故障定位。

140

图 5-29　输送带表面裂纹图像

4. 输送带纵向撕裂在线检测系统

研制基于机器视觉的输送带纵向撕裂在线检测系统，可采用电子技术、通信技术和 ARM 技术研制并开发系统硬件，在 Windows XP 平台上采用 C#.NET 集成开发环境设计输送带纵向撕裂在线检测系统软件，采用 TCP/IP 协议设计以太网通信软件，实现对输送带的跑偏、表面损伤和纵向撕裂等故障的在线检测。该系统具有实时存储、显示输送带运行图像和建立图像档案的功能，定期形成检测报告；具有故障报警和定位功能，在检测出输送带纵向撕裂、跑偏、表面损伤等故障时自动报警，并且能够对故障进行定位，在检测到输送带纵向撕裂时输出控制停机信号。

系统软件采用模块化设计思想，根据软件的功能分为系统界面、系统初始化软件、图像采集软件、图像处理软件四个功能模块。系统界面模块主要实现上位机网络设置、软件注册和系统功能选项等功能；系统初始化模块主要实现网络设置、初始化等功能；图像采集模块主要实现图像采集参数初始化、图像接收和图像自动存储等功能；图像处理模块主要实现图像处理、图像回放处理、自动报警等功能。

基于机器视觉的输送带纵向撕裂在线检测系统图像采集部分的样机如图 5-30 所示。

图 5-30　基于机器视觉的输送带纵向撕裂在线检测系统图像采集部分的样机

141

5．搭建试验平台

1）试验平台的建立

搭建输送带表面图像采集系统和输送带纵向撕裂故障在线检测系统的表面图像实时采集、传输和处理试验平台。

2）试验研究

利用搭建的试验平台，验证基于机器视觉的矿用输送带纵向撕裂在线检测方法的有效性和实时性。

采用 C++语言编程对输送带表面图像的快速处理算法、纵向撕裂故障图像的特征提取和识别与定位算法进行试验研究，验证算法的正确性和有效性。

采用 C++语言设计基于机器视觉的矿用输送带纵向撕裂故障在线检测系统的软件，进行试验和调试研究。

采用以太网通信技术对系统数据传输的有效性和可靠性进行试验研究，实现对输送带表面图像的实时传输。

3）现场试验研究

进行现场试验研究，验证系统性能。

5.4.1 矿用输送带运行图像的高速检测技术

研究输送带运行图像的高速检测技术，提出基于机器视觉的输送带纵向撕裂检测方法，实现对输送带运行图像的高速检测，提高跑偏、表面损伤和纵向撕裂等故障检测的准确性、可靠性和实时性。

1．系统的基本原理

基于机器视觉的矿用输送带检测系统的理论根据是光漫反射原理，这个过程类似于人眼利用漫反射光对物体在眼内的成像。光源输出的光照射到输送带表面产生漫反射，漫反射光的光强与输送带表面特性有关，通过摄像机来摄取输送带表面反射的光强信号，形成图像信息。将摄像机摄取的输送带表面图像传输到计算机，利用图像处理技术实时处理输送带的运行图像，通过模式识别和人工智能技术来识别输送带的运行状态，进而实现对输送带纵向撕裂故障的实时检测。

2．系统的总体结构

机器视觉通过机器感知和理解图像以达到人类视觉的效果，具有自动化、智能化和准确性等特点。在现代化大生产中，视觉检测往往是不可缺少的环节。视觉检测系统通常包括图像获取、图像处理、目标识别等模块。

针对于矿用输送带而言，机器视觉检测系统主要包括图像获取与传输、图像处理、故障识别等模块，其组成框图如图 5-31 所示。

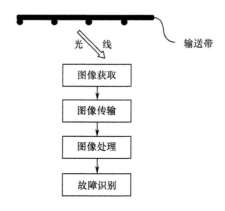

图 5-31　输送带机器视觉检测系统结构框图

如图 5-31 所示，图像获取与传输模块负责输送带运行图像的实时采集与远距离传输；图像处理模块实现输送带图像的快速处理；故障识别模块用于诊断输送带运行过程出现的表面故障并及时报警。

高品质的图像信息不仅可以提高故障识别的准确度，还有利于减轻后序图像处理的负担，提高系统的实时性。图像获取设备主要有面阵 CCD 相机和线阵 CCD 相机两种。面阵 CCD 的优点是能够直接获取二维图像信息，缺点是像元总数多，由于每一行的像元数不能太多，帧幅率因此受到限制。线阵 CCD 的传感器只有一行感光元件，其优点是一维像元数可以很多，在工业、医疗、科研与安全领域应用很广。与面阵 CCD 相比，线阵 CCD 具有分辨率高、动态范围大、灵敏度高等特点，更适合于一维运动物体的检测。对于一维运动的输送带，线阵 CCD 相机就受到了青睐。考虑到输送带检测的实际工况，为了获取高质量的输送带图像信息，可以采用工业级线阵 CCD 相机并配备高亮度线形光源来采集输送带图像信息。

所设计的基于机器视觉的输送带运行状态在线检测系统组成示意图如图 5-32 所示：

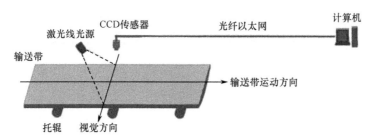

图 5-32　基于机器视觉的输送带运行状态在线检测系统组成示意图

该系统的工作过程是：当高亮度的线形光源发射的光线照射在输送带表面时产生漫反射光，漫反射光的光强与输送带表面特性有关，线阵 CCD 相机通过线扫描感应漫反射光，每次扫描摄取与运行方向垂直的输送带的一行图像，并通过以太网传输给计算机。计算机利用输送带表面图像的快速处理算法、纵向撕裂故障图像的特征提取和识别与定位算法对机器视觉的输送带表面图像进行处理，分析和识别输送带跑偏、表面损伤和纵向撕裂等故障，并在发现故障时给出故障报警和控制停机信号。为了提高宽度方向的分辨率，可以采用多台 CCD 相机沿输送带宽度方向并排放置。

3. 输送带图像采集技术

1）相机的选择

（1）面阵 CCD 相机。

面阵 CCD 相机可以直接生成二维图像，但对于快速运动的物体，会产生像移，使图像变得模糊。根据像移距离的大小，可以计算出可以接受的物体移动的速度，移动物体成像示意图如图 5-33 所示。

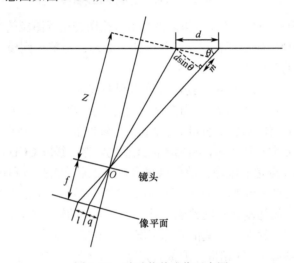

图 5-33　移动物体成像示意图

图 5-33 中，θ 为物体运动的方向与像平面的夹角，d 为在一个曝光时间内物体实际运动的距离，Z 为被测物体到相机的距离，f 为相机的焦距，l 为在一个曝光时间内像在 CCD 靶面上面移动的距离。

根据图 5-33 所示的几何关系，得

$$\frac{d\sin\theta}{m} = \frac{f}{l+q} \tag{5-26}$$

$$\frac{\sqrt{(d\sin\theta)^2 + m^2}}{z} = \frac{l}{f} \tag{5-27}$$

由式（5-26）和式（5-27）消去 m，得

$$d = \frac{lz}{f\sin\theta\sqrt{\dfrac{(l+q)^2}{f^2}+1}} \tag{5-28}$$

假设 S_x 是 CCD 水平方向的像元尺寸，则可得到被测物体的运动速度 v 为

$$v = \frac{d}{T} = \frac{lzS_x}{f \sin\theta \sqrt{\dfrac{(l+q)^2}{f^2} S_x + 1}} \qquad (5\text{-}29)$$

根据式（5-29）可以计算出面阵 CCD 能够成像的物体最高移动速度。经理论计算并配合试验可知，对于运动速度为 6m/s 的输送带，面阵 CCD 相机不适合用来采集其图像。

（2）线阵 CCD 相机。

与面阵 CCD 相机相比，线阵 CCD 相机具有更高的分辨率，更适用于一维运动目标的检测，只需要将行曝光时间与工作行频之间协调好即可。对于线阵 CCD 相机，需要根据输送带检测系统的实际情况来选择相机的参数。

根据检测系统的要求，首先计算线阵 CCD 相机的像素 p 和工作频率 f，再选择线阵 CCD 相机。输送带宽度方向分辨率 R_w 可表示为

$$R_w = \frac{L}{p} \qquad (5\text{-}30)$$

式中：L 为输送带的宽度。输送带纵向分辨率 R_L 可表示为

$$R_L = \frac{v}{f} \qquad (5\text{-}31)$$

式中：v 为输送带的运行速度。对于速度为 4m/s、宽度为 1.2m 的输送带，根据在输送带宽度方向和运动方向上图像分辨率不低于 2.5mm×2.5mm 的要求，可计算出线阵 CCD 的像素为

$$p \geqslant 480$$

$$f \geqslant 1.6\text{kHz}$$

根据此指标，选择线阵 CCD 相机的参数为：像素 1024，最高行频 19kHz。其实物图如图 5-34 所示。

图 5-34　线阵 CCD 相机

2）镜头和光源的选择

镜头直接决定了成像的效果，并且需要与相机相匹配。由于需要及时检测到输送带的故障，尤其是纵向撕裂故障，而纵向撕裂故障多发生在运载物落下的区

域，该区域的安装空间相对较小，通常可供利用的上下输送带之间的空间只有400mm 左右，因此需要焦距小、大广角的镜头。对于所选择的相机，我们选择了两款镜头，分别是 10mm 镜头和 20mm 镜头，如图 5-35 所示。在实际应用中，可将相机倾斜一定的角度以增加物距。

由于线阵 CCD 相机每次只采集输送带的一条图像信息，光源只需要将输送带上相应的线形区域照亮即可。另外，线阵 CCD 相机要求拍摄过程中光源的强度不能发生太大的变化。因此，本系统选择了线形光源，宽度为 1m 的线形光源实物如图 5-36 所示。对于很宽的输送带，需要的线形光源就很长；为了降低成本，可以采用多个线形光源拼接起来使用。

图 5-35　两个镜头　　　　　　　　　图 5-36　线形光源

3）光源的设计

运输物料过程中，运输系统输送带的上输送带是承载段，通常呈槽形且向上弯曲，下输送带为返回段，是不承载的空带且呈平形。为了利用机器视觉技术来检测输送带的运行状态，需要从运输系统输送带的背面对其进行成像，也就是要求图像采集装置安装在运输系统上、下输送带之间。工程实际中，运输系统上、下输送带之间的空间很小，而且输送带的宽度通常要大于上、下输送带之间的距离。煤矿行业使用的运输系统输送带，其运输机上、下输送带间的距离通常小于1m，宽度通常大于 800mm，而且输送带运行速度快，最快可达 6m/s。这就需要对输送带表面图像的采集系统进行独特的设计。

本系统是利用线阵 CCD 相机配备高亮度线形光源采集输送带的表面图像信息。针对所选择的运输系统输送带，利用单个相机采集输送带的表面图像。单个线形光源自下向上发射光，线形光源可水平放置，也可与水平面成一定角度（多个线形光源的安装方式：在运输机上输送带和线形光源构成的平面内，两个或两个以上的线形光源排列呈槽型或梯形，与运输机上输送带外形大体相似）。

单个线阵 CCD 相机配备 3 个线形光源来采集输送带表面图像的示意图如图5-37 所示。在运输机上输送带和线形光源构成的平面内，线形光源 2 水平放置，其他线形光源与水平面倾斜成一定角度。从总体上看，这 3 个线形光源排列成梯型。线阵相机放置在输送带的正下方，配备视场角足够大的镜头，通过调整线形

146

光源 1~3 与输送带的相对位置，使线阵 CCD 相机能够对整个输送带的一个截面进行成像。

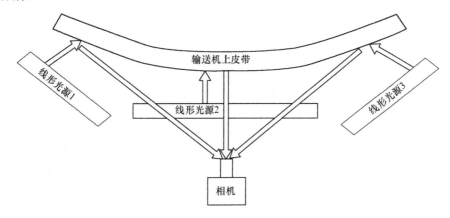

图 5-37 3 个线形光源为 1 个相机提供光源

4）软件构成

故障检测首先需要将待识别目标从输送带背景图像中分离出来，然后用一些特征量来描述待识别目标，再通过特征量来判断输送带是否出现故障。由于纵向撕裂和表面裂纹都只发生在有输送带部分的图像上，即对于输送带纵向撕裂和表面裂纹故障的检测，只需要输送带的信息即可，并不需要背景信息。因此，可以根据输送带边界来裁剪图像，只保留输送带部分的图像信息，既不影响纵向撕裂和表面裂纹故障的检测，又缩小输送带图像的尺寸，从而有助于减少纵向撕裂和表面裂纹故障检测过程的计算量，提高故障检测算法的实时性。此外，检测输送带的边缘有助于识别其跑偏故障。在进行故障检测前，首先检测输送带的边缘。观察输送带图像的特点可以发现，通常情况下输送带与背景的灰度差别较大，能比较容易地将输送带与背景分割开，进而找出输送带的边缘。利用检测到的输送带边缘来进行跑偏故障检测和裁剪图像，对裁剪后的图像再进行纵向撕裂和表面裂纹故障检测。

结合输送带视觉检测系统的硬件选择，所设计的输送带视觉检测系统软件总体框图如图 5-38 所示。

输送带视觉检测系统软件主要完成系统参数设置、图像处理以及在线识别输送带出现的纵向撕裂、跑偏和表面裂纹等故障，这里采用 Visual C++ 进行软件开发。

图像处理模块包括图像预处理、输送带边缘检测和图像分割等子模块。图像预处理实现输送带图像的增强、降噪等功能，输送带边缘检测用于检测输送带的左右边缘，图像分割用于从输送带背景图像中分离出待识别目标。本系统选择的图像分割方法主要是图像二值化处理方法。输送带图像经二值化处理后，得到只有"0"和"1"表示的二值图像，其中"0"和"1"分别表示背景和目标。根据二值图像中"1"的分布，可用简单的向量来表示输送带的故障特征。

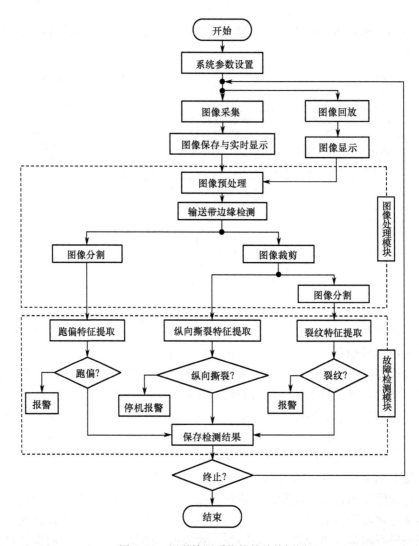

图 5-38 视觉检测系统软件总体框图

故障检测模块包括特征提取和故障识别两个子模块。特征提取是将图像用一些简单的信息来表示，进而用一些特征量来描述待识别目标。故障识别是利用提取的故障特征信息来判断输送带是否出现故障。

5.4.2 矿用输送带运行图像传输技术

研究输送带运行图像传输技术，利用以太网通信技术实现工业级线阵 CCD 摄像机的输送带运行图像的高速传输，提高其传输效率、检测精度。

1. UDP/IP 协议

TCP（传输控制协议）、UDP/IP（数据报协议/网际协议）是互联网的通信协议，通过它可以实现各种异构网络或异种机之间的互联通信。

148

TCP、UDP/IP 已成为当今计算机网络最成熟、应用最广的互联协议。互联网采用的就是 TCP、UDP/IP 协议，网络上各种各样的计算机上只要安装了 TCP、UDP/IP 协议，它们之间就能相互通信。运行 TCP、UDP/IP 协议的网络是一种采用包（分组）交换网络。TCP、UDP/IP 协议是由 100 多个协议组成的协议集，TCP、UDP 和 IP 是其中最重要的协议。TCP、UDP 和 IP 协议分别属于传输层和网络层，在互联网中起着不同的作用。

图 5-39 的右边是 TCP、UDP/IP 的体系结构，可以看出 TCP、UDP/IP 不是一个单独的协议，而是由多个协议组成的协议族，这些协议从高到低分四层，分别规定了满足网络用户需求的应用层协议、信息传输层协议、网络互联层协议以及面向物理链路的网络接口层协议。图 5-39 的左边是 OSI 七层模型。图 5-39 给出了 OSI 七层模型与 TCP、UDP/IP 协议族之间的对应关系。

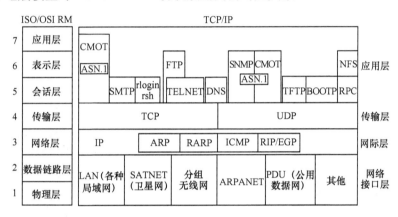

图 5-39　TCP、UDP/IP 体系结构与 OSI 体系结构

当应用程序用 UDP 传送数据时，数据被送入协议栈中，然后逐个通过每一层直到被当作一串比特流送入网络。其中，每一层对收到的数据都要增加一些首部信息（在数据链路层还要增加尾部信息），UDP 传给 IP 的数据单元称为 UDP 消息段或简称为 UDP 报文。IP 传给网络接口层的数据单元称为 IP 数据报（IP Datagram）。通过以太网传输的比特流称为帧（Frame）。数据封装过程如图 5-40 所示。

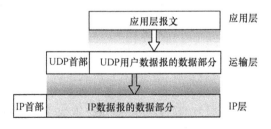

图 5-40　数据封装过程

UDP 只在 IP 的数据报服务之上增加了很少的一点功能，即端口的功能和差

149

错检测的功能。虽然 UDP 用户数据报只能提供不可靠的交付，但 UDP 在某些方面有其特殊的优点。首先，发送数据之前不需要建立连接；然后，UDP 的主机不需要维持复杂的连接状态表；接着，UDP 用户数据报只有 8Byte 的首字母；最后，网络出现的拥塞不会使源主机的发送速率降低。因此，在采集和传输输送带图像数据时，采用了 UDP 协议作为传输层的协议。UDP 协议首部格式如图 5-41 所示。

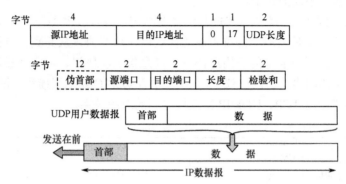

图 5-41　UDP 首部格式

　　IP 协议是网络层的主要协议，该协议实现了主机与主机之间的通信。通信的过程是通过交换 IP 数据报实现的。IP 数据报的格式分为首部区和数据区两大部分（如图 5-42 所示），其中：数据区包括高层协议需要传输的数据，这些数据对 IP 协议而言是看不到的；首部区是为了正确传输高层数据而添加的各种控制信息。在传输过程中，IP 协议对上层协议传送过来的数据报加上相应的 IP 首部进行封装后传递到数据链路层，而对于从数据链路层接收到的数据报，IP 协议则把附加的 IP 首部剥除并依据其中的控制信息进行处理，然后把数据传输到上一层。

版本号 (4bit)	首部长度 (4bit)	服务类型ToS (8bit)	总长度（16bit）	
标识（16bit）			标志（3bit）	片偏移（13bit）
生存时间TTL（8bit）		上层协议标识（8bit）	首部校验和（16bit）	
源IP地址（32bit）				
目的IP地址（32bit）				
选项（变长）				
数据（变长）				

图 5-42　IP 数据报格式

　　对于输送带运行状态的实时监测，需要采集大量的图像信息。以宽度 1.2m、运行速度 6m/s 输送带的监测为例，若要求在输送带宽度方向和运动方向上图像分辨率不低于 1.0mm×1.0mm，可采用像素为 2048、工作行频为 19kHz 的工业级线阵 CCD 相机，当线阵 CCD 工作在最高行频时，每秒钟就会产生约 39MB 位图格式的图像信息；以宽度 1.2m，运行速度 4m/s 输送带的监测为例，若要求图像分辨率不低于 2.5mm×2.5mm，可采用像素为 1024、工作行频为 19kHz 的工业级线阵 CCD相机，经计算可知，相机的工作行频需要大于 1.6kHz，为获取较高分辨率的图像，可将行频设为 2kHz，那么一台相机每秒钟就会产生约 32MB 位图格式的图像信息。对于输送带的多点检测，例如使用了 4 台相机，那么每秒钟就会产生 128Mb 位图格式的图像信息。为了利用计算机来识别输送带的状态，需要将图像信息及时传送到计算机，这就需要高速的网络传输技术。

近年来，计算机网络技术突飞猛进，技术已很成熟，应用十分广泛。为了保证图像信息的实时传输，本系统利用了千兆网络技术搭建了千兆局域网，可以满足 128Mb/s 数据量的实时通信需求。利用千兆局域网通信技术和 ARM 技术研制了局域网传输控制器和局域网通信软件，实现了工业级线阵 CCD 相机的输送带运行图像的高速传输和对整个系统设备的控制功能。

局域网是一种具有高传输速率、低误码率的网络。为了保证图像传输的实时性，本系统采用 UDP/IP 协议设计了局域网通信软件。该软件采用了 C/S 结构，局域网通信软件作为服务器端，而 CCD 相机和局域网传输控制器作为客户端。其网络连接图如图 5-43 所示。

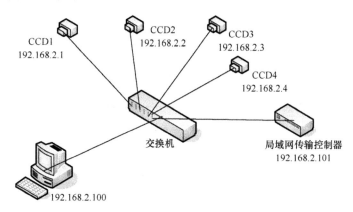

图 5-43　网络连接示意图

基于 UDP 协议的 C/S 架构的通信原理图，如图 5-44 所示。

2. 上位机和 CCD 相机的通信软件设计

上位机和 CCD 相机之间的通信内容主要有两类：一类是对 CCD 相机的控制信息；另一类是 CCD 相机实时采集到的图像信息。对 CCD 相机的控制信息包括 CCD 相机的查找、打开、关闭和参数设置等。对于 CCD 相机实时采集的图像信息，由于图像信息数据量比较大，因此在通信时需采用多缓存的机制（需要足够大的内存）。本系统采用了双缓存的设计，既保证图像数据的实时采集，又不会占用过大的内存。上位机和 CCD 相机的通信功能的设计流程图如图 5-45 所示。

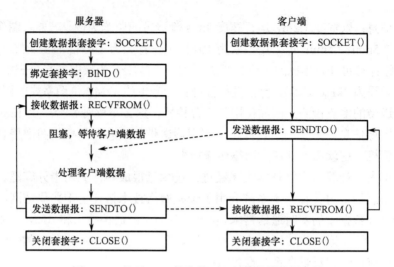

图 5-44　基于 UDP 协议的 C/S 架构的通信原理图

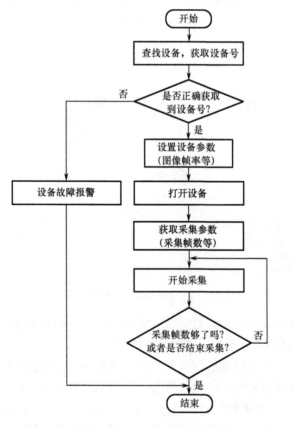

图 5-45　上位机和 CCD 相机的通信功能的设计流程图

3. 上位机和传输控制器的通信软件设计

上位机通信软件通过对传输控制器传输控制信息，实现控制输送带的急停、启动和关闭，声光报警器的开启和关闭，相机除尘装置的开启和关闭等功能。这一部分的通信要求具有很高的可靠性，因此在 UDP 协议的基础上，本系统设计了新的传输控制协议，增强了传输信息的可靠性。上位机和传输控制器的通信功能设计流程图如图 5-46 所示。

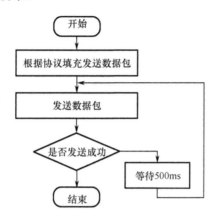

图 5-46　上位机和传输控制器的通信功能设计流程图

4．试验与测试

为验证图像采集和传输效果，在试验室搭建输送带视觉检测系统试验平台，如图 5-47 所示。输送带的宽度为 1m，厚度为 12mm，总长为 10m，规格为 ST1000，最大运行速度为 5m/s，运行速度可无级调速。

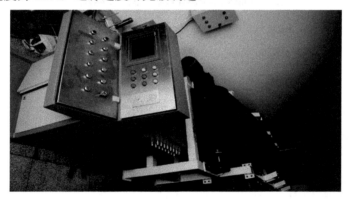

图 5-47　输送带视觉检测系统试验平台

利用搭建的试验平台，对输送带运行图像采集模块进行了测试。调节镜头焦距到合适的位置，直到输送带的图像清晰，进行连续采集，图 5-48 所示为采集到的一帧输送带图像。由图 5-48 可知，输送带图像十分清晰，很容易观察到输送带上的数字。让输送带连续运行，经测试可知，线阵 CCD 相机可以实现对输送带图像的实时采集。测试结果表明，该模块可实现 128Mb/s 图像信息的可靠采集，若图像大小设置为 1024×1024，则每秒钟可得到 20 帧图像。

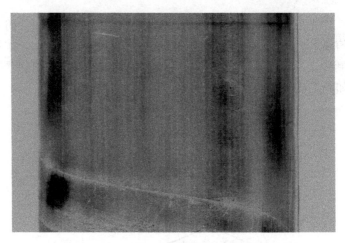

图 5-48 线阵 CCD 相机采集的一帧输送带图像

利用搭建的试验平台，对输送带运行图像传输模块进行了测试。设置像素为 1024 的线阵 CCD 相机工作在最高行频 19kHz，此时每秒钟就会产生 38MB 的图像信息。在此情况下，经测试发现计算机 CPU 的占用率低于 10%。由此可知，千兆以太网络可以实现输送带图像信息的实时传输。

由上述的测试结果可知，利用线阵 CCD 相机和千兆以太网络可以实现输送带图像信息的可靠采集和传输。

5.4.3 机器视觉的输送带运行图像的处理算法识别

研究机器视觉的输送带运行图像的处理识别算法，提出运行图像的处理算法和故障识别算法，提高输送带故障检测的准确性和实时性。详细的图像处理算法已经在 5.3 节叙述，在此不再赘述。

5.4.4 矿用输送带纵向撕裂在线检测系统的设计

研制输送带纵向撕裂在线检测系统，研制并开发系统硬件，设计系统软件及以太网通信软件，实现对输送带的跑偏、纵向撕裂和表面损伤等故障的在线检测，并能够在检测到输送带纵向撕裂时输出控制停机信号。

1. 跑偏故障检测

1）跑偏特征分析

在运行过程中，由于多种因素会造成输送带发生偏移，即跑偏。实际应用中，跑偏故障通常表现为两种形式：一是输送带发生扭动，即输送带的边缘发生了偏斜，如图 5-49（a）所示；二是输送带整体偏移，如图 5-49（b）所示。扭动的特点是在输送带工作平面内输送带发生了较大程度的倾斜。整体偏移的特点是虽然输送带倾斜的程度没有超出安全值，但输送带的中心发生了较大位移。与整体偏移相比，扭动情况下输送带的倾斜程度较大。整体偏移多发生在长距离运输的场合。

(a)   (b)

图 5-49　输送带跑偏的两种表现形式

（a）扭动；（b）整体偏移。

　　通过观察图 5-49 的两种跑偏形式可以发现，如果将输送带沿高度方向进行投影，那么得到的一维函数可以反映输送带与背景的分界。而从一维函数来提取跑偏特征向量的计算量会小很多。

　　2）跑偏特征向量

　　得到跑偏特征函数之后，就可以设计跑偏特征向量了。如果发生跑偏，假设输送带和背景完全分割，那么在特征函数中输送带和背景之间的分界线就表示为一条斜线；否则，这个分界线就是垂直线。可以对特征函数中输送带与背景的分界线用线性函数进行拟合，图 5-50 就是一个示例，拟合的线性函数斜率就可以作为一个故障特征信息。

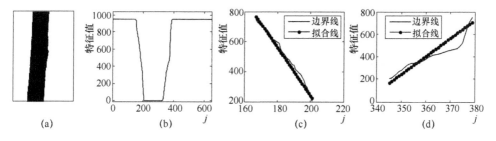

图 5-50　跑偏故障特征提取示例

（a）二值图像；（b）特征函数；（c）左边界拟合线；（d）右边界拟合线。

　　从特征函数中计算拟合线的斜率适合于扭动形式的输送带跑偏；而对于输送带的整体偏移，输送带边缘与图像边缘的距离可作为跑偏故障的特征信息。

　　由图 5-50 的特征函数可知，输送带与背景的分界线一般有两条，可将左侧和右侧拟合线的斜率分别记为 k_1 和 k_2。为了消除扭动的影响，对于输送带与背景的每一条分界线，选取两个点的平均值来计算输送带边缘与图像边缘的距离，因此根据左、右侧分界线可分别计算得到距离 d_1 和 d_2。这样，特征信息就可描述为一个向量，即

$$\boldsymbol{R} = (k_1, k_2, d_1, d_2) \tag{5-32}$$

特征向量 $\boldsymbol{R}$ 的值可以很容易从特征函数 $g(j)$ 中计算得到。

155

3）跑偏识别准则

当特征向量 R 中某一元素的值超出一定范围时，就可以判定发生了跑偏故障。对于输送带的扭动跑偏，假设跑偏角小于 5°，那么当 k_1 和 k_2 的绝对值小于 11 时就可以判定为跑偏。而对于输送带的整体偏移，当相机安装在输送带的中间时，跑偏的判断标准为

$$|d_1 - d_2| > aW \tag{5-33}$$

式中：α 为一常数；W 为输送带的宽度。发生整体偏移时，在宽度方向上输送带的偏移量会超过其带宽的 5%，故 α 的值为 0.1。在不能确定相机相对于输送带具体安装位置的情况下，可根据连续多帧图像检测 d_1 和 d_2 的变化来判断跑偏故障。

4）跑偏检测算法与试验分析

跑偏故障检测过程框图如图 5-51 所示，包括提取输送带边界、图像分割、计算跑偏特征函数、提取跑偏特征向量和跑偏故障识别等步骤。首先，用 Matlab 软件编程实现跑偏故障的检测，并进行测试，根据测试结果来完善设计；然后，再用 VC++进行编程来实现跑偏故障的检测。

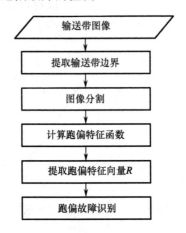

图 5-51　跑偏故障检测过程框图

对图 5-49 和图 5-50（a）分别进行特征提取和跑偏故障识别，特征信息如表 5-5 所列。由表 5-5 列出的数据可知，图 5-49（a）发生了扭动跑偏故障；若相机安装在输送带的中间，那么表 5-5 所检测的三帧图像均发生了整体偏移。

表 5-5　跑偏故障特征

图像	宽度	k_1	k_2	d_1	d_2
图 5-49（a）	675	12.93	-9.92	107.5	195
图 5-49（b）	675	116	-98	140.5	66
图 5-50（a）	237	15.81	-17	181.5	286.5

利用在试验室搭建的输送带视觉检测系统试验平台测试跑偏故障检测模块的有效性。测取的三帧图像及其二值图像如图 5-52 所示。结合图 5-52 和表 5-5 可知，该方法可以检测到输送带的跑偏故障。

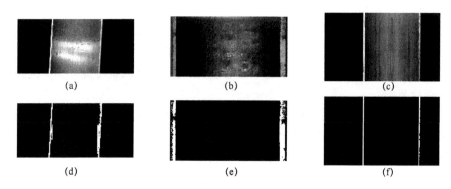

图 5-52　跑偏测试图像及其二值图像

（a）测试图像 1；（b）测试图像 2；（c）测试图像 3；（d）测试图像 1 的二值图像；（e）测试图像 2 的二值图像；
（f）测试图像 3 的二值图像。

2. 纵向撕裂故障检测

纵向撕裂是输送带运行过程容易发生的表面故障之一，对输送带具有很强的破坏性，需要及时发现处理。一旦出现纵向撕裂故障，不仅会导致停产、运输物料的损耗，还可能会引发断带等设备事故，造成经济损失甚至人员伤亡，严重影响安全生产。由于纵向撕裂的危害非常大，检测这类故障成为输送带视觉检测系统的首要任务。纵向撕裂故障检测前，需要先将输送带图像进行裁剪，只保留输送带图像部分，去掉背景图像。

对于纵向撕裂故障的检测，在输送带图像中纵向的裂纹是目标，而输送带则是背景。如果能够将纵向裂纹与输送带完全分割，那么就可以利用二值图像来检测纵向撕裂故障。本系统提出了一种针对二值图像的输送带纵向撕裂故障检测方法。

1）纵向撕裂特征分析

如果输送带发生了纵向撕裂，反映在输送带图像上就是撕裂区域像素的灰度值要明显暗于周围像素的灰度值，且撕裂区域沿输送带的运行方向分布。也就是说，纵向撕裂反映在输送带图像中就是有一个像素暗的区域沿输送带高度方向上分布。这个特点很容易解释，由于输送带发生纵向撕裂后，光线透过纵向的裂纹，照到其他物体上，这样反射到相机的光线相对来说就很弱，表示在图像上就是像素的灰度值较小。

纵向撕裂故障检测的指导思想是：根据输送带发生纵向撕裂后图像的特点，设计合适的特征函数来表示纵向撕裂特征信息，利用简单的识别方法实现对纵向撕裂故障的检测。在此基础上，提出输送带纵向撕裂故障检测算法，开发基于机器视觉的输送带纵向撕裂故障在线检测模块。

2）纵向撕裂故障检测算法

对裁剪后的输送带图像进行图像分割，得到二值图像。对于分割后的二值图像，首先对二值图像进行变换，得到特征函数，然后利用特征函数来提取纵向撕裂特征信息，再进行故障识别。

图像经分割后，纵向裂纹用"1"表示、背景用"0"表示。在二值图像中纵向裂纹的特点是：如果分辨率足够高，值为"1"的区域分布在连续多个行和连续多个列上，如图 5-53 所示。于是，搜寻值为"1"的区域就可提取到纵向撕裂故障特征信息。

根据提取的纵向撕裂特征信息，利用一定的规则就可以识别纵向撕裂故障。例如，纵向长度、横向宽度超过一定的阈值就可判定发生了纵向撕裂故障。综合上述分析，整个二值图像纵向撕裂故障检测过程的流程图如图 5-54 所示，包括图像分割、计算纵向撕裂特征函数、提取纵向撕裂特征向量和纵向撕裂故障识别四个步骤。

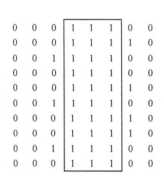
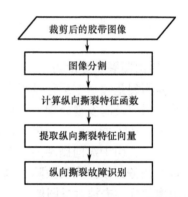

图 5-53　二值图像中纵向裂纹的示意图　　图 5-54　二值图像纵向撕裂故障检测过程框图

为进一步验证纵向撕裂故障检测算法的可靠性，利用在试验室搭建的输送带视觉检测系统试验平台对该算法进行测试。由于试验室难以获得真正的纵向撕裂图像，我们只是对纵向撕裂故障进行了模拟。三帧输送带图像如图 5-55 所示，第一帧图像中输送带没有纵向裂纹，而第二、三帧图像中存在一些纵向的裂纹。

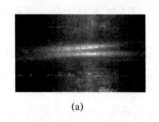
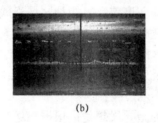

(a)　　　　　　　　　　(b)　　　　　　　　　　(c)

图 5-55　纵向撕裂测试图像

（a）输送带图像 1；（b）输送带图像 2；（c）输送带图像 3。

利用纵向撕裂故障检测算法对图 5-55 所示的三帧输送带图像进行诊断。纵向撕裂故障阈值和检测结果如表 5-6 所列。由表 5-6 列出的数据可知，图 5-55（a）没有检测到纵向撕裂，而图 5-55（b）和图 5-55（c）分别检测到了一个纵向裂纹。这表明该算法可以区分输送带的纵向撕裂故障模式和非故障模式。不过，由于图 5-55（c）的输送带图像中存在两条裂纹，且这两条裂纹在特征函数和距离函数中都有所体现，但检测结果中却只发现了一条，这表明阈值的选择需要调整。

表 5-6　纵向撕裂检测结果

图像	阈值	有无纵向裂纹	纵向裂纹位置	宽度
图 5-55 （a）	25.41	无		
图 5-55 （b）	41.66	有	901	63
图 5-55（c）	83.29	有	564	26

结合图 5-55 和表 5-6 可知，纵向撕裂故障检测算法可以检测到输送带的纵向撕裂故障。不过纵向撕裂阈值需要进行适当的设置，尤其是现场使用时，输送带的工作状态会有较大的差异。设置纵向撕裂阈值时，可以通过人工观察输送带的图像，结合特征函数来进行参数调试。实际上，纵向撕裂阈值设置大一些，可以避免一些虚假报警。

3. 表面损伤故障检测

众所周知，在图像上，裂纹只会出现在输送带图像区域，因此进行裂纹检测前，可以对输送带图像进行裁剪，只保留输送带部分以提高检测效率。输送带图像的裁剪在输送带纵向撕裂故障检测前已经实施过，这里就使用裁剪后的图像即可。首先分析输送带裂纹图像的特点，然后研究输送带裂纹检测算法，在此基础上开发输送带表面裂纹视觉在线检测模块。

1）裂纹特征

在现实世界中，裂纹会出现于许多物体中，如钢板、航空发动机、路面，甚至还会出现在人体器官上。裂纹的形状不规则，相互之间差异较大。但裂纹形状的共同特点是：宽度很小，长度远远大于宽度。

输送带表面裂纹从萌生到扩展再成为破坏性的撕裂具有一定的规律性：微观裂纹生长，引起宏观裂纹扩展，最后发生破坏性撕裂。输送带表面裂纹的特点是：裂纹区域的像素灰度值要明显暗于周围像素的灰度值，且裂纹的走向不能确定。第一个特点与纵向撕裂的特点相同，但是由于不能确定裂纹的方向，纵向撕裂故障检测方法不能简单地应用于裂纹检测，需要寻找新的裂纹检测方法。

由于裂纹的方向性不能确定，跑偏和纵向撕裂故障检测过程的特征函数不再适用。无论向哪个方向进行投影，都不能很好地反映裂纹信号，因此很难用一维函数来表示输送带中的裂纹二值图像信息。鉴于此，这里直接从二值图像中提取裂纹特征信号。

根据上述分析并结合输送带图像的特征，本系统表面裂纹检测的指导思想是：对裁剪后的输送带图像进行分割以得到二值图像，从二值图像中提取裂纹特征信息，再利用提取的裂纹特征信息进行裂纹识别，进而实现裂纹的检测。

2）裂纹识别算法

在裂纹检测前可以对输送带图像进行增强处理，以加强裂纹图像信息，抑制背景噪声。处理的方法可以采用形态学腐蚀处理等算法。

图像分割的目的就是将目标信号与背景信号分割开，也就是将裂纹与输送带用不同的值来表示，其中：裂纹用"1"表示；而背景用"0"表示。图像分割的方法可以是第四章设计的列局部阈值法或灰度平均法。在将裂纹从背景中完全分割出来之后，就可以在二值图像中搜寻值为"1"的区域来提取裂纹特征信息。

用于描述裂纹的特征信息有横向长度、纵向宽度、面积、细长度、矩形度等。横向长度的表示方式为裂纹区域外接矩形横向方向的像素数；纵向宽度则为裂纹区域外接矩形纵向方向的像素数；面积用整个裂纹区域像素的和来表示；细长度用裂纹纵向宽度与横向长度或者是横向长度与纵向宽度的之比来表示，细长度的取值范围为 $(0, 1]$；矩形度用面积与裂纹区域外接矩形的面积之比来表示，矩形度的取值范围为 $(0, 1]$。

根据提取的裂纹特征信息，利用一定的规则就可以识别裂纹故障。例如，横向长度、纵向宽度、面积、细长度、矩形度中的一个或某些值超过了一定的阈值就可判定发生了撕裂故障。在检测过程中，为了降低噪声的影响，对于值为"1"的较小区域可以作为噪声处理，如对于只有几个像素的值为"1"的区域就将其作为噪声。裂纹阈值需要根据具体应用情况而定。

综合上述分析，裂纹故障检测算法的流程图如图 5-56 所示，该算法包括裂纹增强处理、图像分割、裂纹特征提取和裂纹识别等步骤。由图 5-56 可知，图像分割在裂纹故障检测过程中起着关键的作用。只有正确地将裂纹图像分割出来，才能有效识别出裂纹，否则就会漏检或误检。而图像分割的方法有很多，选择一个简单有效的分割方法并非易事，故重点是测试图像分割方法的效果。

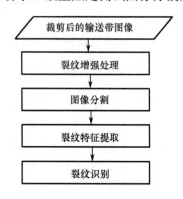

图 5-56 表面裂纹检测过程框图

3）试验分析

为了进一步验证输送带表面裂纹检测算法的可靠性，利用一些裂纹图像对该算法进行测试。5 帧裂纹测试图像如图 5-57 所示，其中前 4 个图像中存在表面裂纹，第 5 个图像没有裂纹。分别利用列局部阈值法或灰度平均法进行图像分割，分割结果如图 5-58 所示。

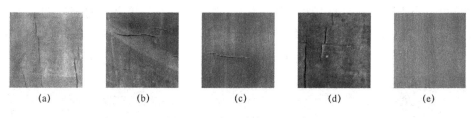

(a)　　　　　　(b)　　　　　　(c)　　　　　　(d)　　　　　　(e)

图 5-57　表面裂纹测试图像

（a）裂纹测试图像 1；（b）裂纹测试图像 2；（c）裂纹测试图像 3；（d）裂纹测试图像 4；（e）裂纹测试图像 5。

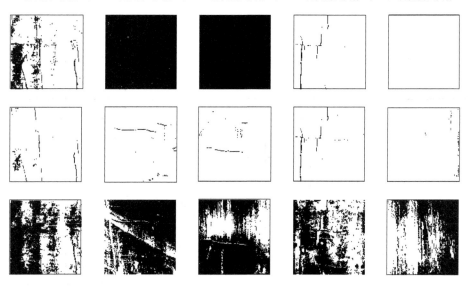

图 5-58　输送带表面裂纹图像分割结果对比

（第一行为用直方图阈值法分割结果；第二行为用列局部阈值法分割结果；第三行为用灰度平均法分割结果）

由图 5-58 的分割结果可知：直方图阈值法正确分割出了测试图像 1 和 4 中的裂纹，也正确地分割了没有裂纹的测试图像 5，但却没有分割出图像 2 和 3 中的裂纹；列局部阈值法对 5 帧图像的分割都比较好，不仅正确分割出了有裂纹测试图像中的裂纹，还正确分割了没有裂纹的测试图像 5，而且分割结果中噪声很少；灰度平均法对 5 帧图像的分割都很差，它的分割结果中存在大量的背景信息。由此可知：列局部阈值法的分割效果最好；直方图阈值法对某些图像的分割效果好，而对某些图像的效果不太好；灰度平均法的分割效果最差。

再考虑到计算复杂度可以得出结论：列局部阈值法比较适合于在线检测系统，不过这也显示了图像分割方法对故障识别的重要性。因此，根据测试结果，本系统选择列局部阈值法作为表面裂纹检测的图像分割方法。

在图像分割的基础上，根据提取的特征信息，通过设置合适的阈值就可以判断输送带是否出现裂纹。将裂纹的检测阈值设置为：长度不小于图像长度的 10%或宽度不小于图像长度的 10%、面积不小于图像长度和宽度之和的 5%、细长度小于等于 0.5、矩形度小于等于 0.5。对于图 5-57 中的 5 帧输送带图像进行裂纹检测，表面裂纹检测结果如图 5-59 所示，详细的表面裂纹特征信息如表 5-7 所列。

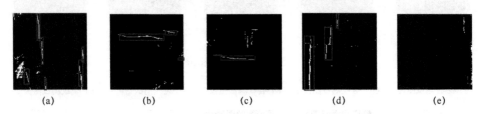

图 5-59　输送带裂纹检测结果对比

（a）图像 1 检测结果；（b）图像 2 检测结果；（c）图像 3 检测结果；（d）图像 4 检测结果；（e）图像 5 检测结果。

表 5-7　表面裂纹特征信息

分割方法	裂纹测试图像	序　号	长　度	宽　度	面　积	细长度	矩形度
列局部阈值法	图像 1	1	16	50	91	0.32	0.114
		2	9	98	206	0.092	0.234
		3	7	36	75	0.194	0.294
		4	5	59	119	0.085	0.403
		5	5	40	54	0.125	0.27
		6	12	93	234	0.129	0.21
		7	6	53	91	0.113	0.286
	图像 2	1	222	23	694	0.104	0.136
		2	50	19	173	0.38	0.182
		3	30	5	70	0.167	0.467
	图像 3	1	38	4	57	0.105	0.375
		2	164	20	388	0.122	0.118
	图像 4	1	27	187	568	0.144	0.112
		2	20	109	219	0.183	0.1
		3	4	48	96	0.083	0.5

由图 5-59 可知，对于有裂纹的测试图像 4，从列局部阈值法分割后的图像中都检测到了一些裂纹，而对于没有裂纹的测试图像 5，虽然分割结果中有少许的噪声，但这些噪声并没有被误判为裂纹。将图 5-59 的裂纹检测结果和图 5-57 的原

始图像进行对比可知，虽然在测试图像 1 的分割结果中存在一些噪声，但可以通过阈值设置来进一步降低噪声对诊断结果的影响。进一步结合表 5-7 列出的裂纹特征信息可以发现，图像中的裂纹基本上被检测了出来，只是有很小的裂纹没有被检测出来，这与阈值设置有关。这样，根据裂纹检测结果就可以判断图 5-57 中的输送带是否发生了表面裂纹故障。

5.4.5 结论

本节在研究机器视觉的输送带纵向撕裂在线检测关键技术的基础上，研制一种基于机器视觉的输送带纵向撕裂在线检测系统。该系统能够实时在线检测输送带的运行状况，发现输送带纵向撕裂、跑偏、表面损伤等故障，及时报警，特别是能够在检测到输送带纵向撕裂时输出控制停机信号，避免重大断带安全事故的发生、设备的损坏、停产和人员伤亡，减少运输物料的损耗和经济损失，保证输送带运行的安全。

设计出的系统具有如下功能：

①该系统能够利用计算机通过以太网远程在线实时检测输送带的运行状况，具有实时存储、显示输送带运行图像，建立图像档案的功能，定期形成检测项目。

②该系统能够实时处理、识别输送带纵向撕裂、跑偏、表面损伤等故障，具有故障分析和故障分类等功能，能够自动检测出输送带纵向撕裂、跑偏、表面损伤等故障。

③该系统具有故障报警和定位功能，在检测出输送带纵向撕裂、跑偏、表面损伤等故障时自动报警，并且能够对故障进行定位，以及在检测到输送带纵向撕裂时输出控制停机信号。

5.5 本章小结

本章讲述了机器视觉检测的机理和应用。在分析视觉检测基本原理、流程和图像处理的基础上，针对特定的运输系统输送带设计了一套机器视觉检测系统。但是在煤矿井下恶劣的环境中，机器视觉检测系统中对光源、摄像头等都必须有严格的控制，且容易受烟雾和灰尘的影响，甚至导致误判，因而矿用输送带机器视觉检测需要迫切解决的问题即为如何减小煤矿井下恶劣环境对视觉检测的影响。

参 考 文 献

[1] 张安宁, 孙宇坤, 尹中会. 带式输送机防纵撕保护研究现状及趋势[J]. 煤炭科学技术, 2007, 35（12）: 77-79.

[2] 张志军, 田素利. 钢绳芯带式输送机防纵撕保护现状分析[J].煤, 2009, 18（9）: 81-82.

[3] 张玉建, 李允旺. 输送机胶带纵向撕裂的预防与检测技术综述[J]. 能源技术与管理, 2005,（3）: 19-20.

[4] 韩磊. 扁管带式输送机输送机理的研究[D]. 贵阳: 贵州大学, 2007.

[5] John Canny. A Computational Approach to Edge Detection[J].IEEE Trans.Pattern Analysis and Machine Intelligence（S0162-8828），1986, 8（6）: 679-698.

[6] Yu Bing, Zhang Weigong. A robust approach of lane detection based on machine vision[C]. International Conference on Control, Automation and Systems Engineering, 2009: 195-198.

[7] He Junji, Shi Li. Size detection of firebricks based on machine vision technology[C]. International Conference on Measuring Technology and Mechatronics Automation, 2010: 394-397.

[8] Jing Yu, An Jubai, Wang Yaxuan. A new region-based active contour edge detection algorithm for oil spills remote sensing image[J]. Journal of Convergence Information Technology, 2012: 112-119.

[9] Liao Gaohua, Xi Junmei. Pipeline weld detection system based on machine vision[C]. 9th International Conference on Hybrid Intelligent Systems, 2009: 325-328.

[10] 张晞, 刘鸿鹏, 等. 带式输送机纵向撕裂数字图像检测系统设计研究[J]. 煤炭工程，2011，（10）: 17.

[11] 张铮, 王艳平, 等. 数字图像处理与机器视觉[M]. 北京:人民邮电出版社,2012:140-379.

[12] 张德丰, 等. MATLAB 数字图像处理[M].北京:机械工业出版社, 2009: 173-305.

[13] 张新野. 基于形态学的卫星遥感车辆模式识别方法研究[D]. 大连海事大学, 2008.

[14] 张森. 数字图像几何畸变自动校正算法的研究与实现[D]. 上海交通大学, 2007.

[15] Liu Qing, Lai ChengYu. Edge detection based on mathematical morphology theory[C]. 3rd International Conference on Image Analysis and Signal Processing, 2011: 151-154.

[16] 郝振华, 李丽, 王少辉,等. 飞机蒙皮裂纹的数学形态学识别方法[J]. 中国民航大学学报,2009,（06）: 6-16.

[17] 王文. 一种基于帧间相关的红外弱小目标运动轨迹检测方法[D]. 山东大学, 2012.

[18] 周润芝, 马良荔, 王江安, 等. 一种基于帧间相关的红外弱小目标运动轨迹检测方法[J]. 海军工程大学学报, 2010,（01）: 78-82.

[19] 孟杰, 伯绍波, 苏诗琳. 基于灰度图像的车牌字符提取算法研究[J]. 微计算机信息, 2007,（25）: 188-255.

[20] 王桂华, 张问银, 唐建国.DCT 域图像边缘的快速提取[J]. 计算机应用, 2005,（01）: 100-102.

[21] 杨飞, 祝诗平, 邱青苗. 基于计算机视觉的花椒外观品质检测及其 MATLAB 实现[J]. 农业工程学报, 2008, （01）: 198-202.

[22] 朱光忠, 黄云龙, 余世明. 边缘检测算子在汽车牌照区域检测中的应用[J]. 电子质量, 2005,（10）: 6-7.

[23] 赵芳, 栾晓明, 孙越. 数字图像几种边缘检测算子检测比较分析[J]. 自动化技术与应用,2009,（03）: 68-72.

[24] 杨洋,张雪英,乔铁柱,等. 基于形态学的输送带纵向撕裂边缘检测算法[J]. 煤炭技术, 2014, 07: 193-196.

[25] 莫国影. CCD 图像识别技术在疲劳裂纹检测中的应用基础研究[D]. 南京航空航天大学, 2008.

[26] 李现国,苗长云,张 艳,等. 基于统计特征的钢丝绳芯输送带故障自动检测[J]. 煤炭学报, 2012,07:1233-1238.

[27] Qiao Tiezhu, Chen Xin, Wang Feng, et al. Adaptive calibration technique for dynamic character based on surveillance video[J]. Yi Qi Yi Biao Xue Bao/Chinese Journal of Scientific Instrument, 2014, 5（35）: 2086-1092.

[28] Qiao Tiezhu, Chen Xin, Shen Ruiping. Study on new adaptive calibration technique of coal level detection in coal bin with binocular vision[J]. Yi Qi Yi Biao Xue Bao/Chinese Journal of Scientific Instrument, 2013,7（34）: 1512-1517.

[29] Qiao Tiezhu, Chen Xin, Wang Feng, et al. Based on the multi-scale feature matching algorithm of the coal level detection method[J]. Meitan Xuebao/Journal of the China Coal Society, 2013,9（38）:513-517.

[30] Qiao Tiezhu, Tang Yantong, Ma, Fuchang. Real-time detection technology based on dynamic line-edge for conveyor belt longitudinal tear[J]. Journal of Computers （Finland）, 2013,（8）: 1065-1071.

[31] Qiao Tiezhu, Zhang Jiaxin. A research of image identification signal processing for longitudinal rip of the transport belt[C]. Proceedings - 2010 International Conference on Optoelectronics and Image Processing,2010.

[32] Qiao Tiezhu, Wang Fuqiang, Lu Xiaoyu. Research on online monitoring method for longitudinal rip of steel-core belt[J]. Communications in Computer and Information Science, 2011,（237）: 141-146.

[33] 陈昕, 乔铁柱, 申瑞屏, 等. 煤仓煤位视觉检测机理及动态模型研究[J]. 煤炭工程,2013,12: 78-80.

[34] 牛犇, 乔铁柱, 唐艳同. 基于 LabVIEW 和 CCD 相机的输送带纵向撕裂检测系统设计[J]. 煤矿机械,2013,02: 148-150.

[35] 胡明明, 乔铁柱,郑补祥. 基于NI机器视觉的胶带纵向撕裂检测系统[J]. 仪表技术与传感器,2013,11:41-43.

[36] 乔铁柱, 郝亮亮. 基于labview钢绳芯胶带检测系统设计[J]. 太原理工大学学报,2009,06:604-605，609.

[37] 唐艳同, 乔铁柱, 牛犇. 输送带纵向撕裂在线监测预警系统的设计[J]. 煤矿机械, 2012, 05: 242-244.

[38] 牛犇, 乔铁柱. 基于LabVIEW的胶带纵向撕裂视觉在线检测算法研究与系统实现[D]. 太原理工大学, 2010.

[39] 闫来清, 乔铁柱. 基于机器视觉的胶带纵向撕裂在线检测系统研究与实现[D]. 太原理工大学, 2012.

165

第六章 矿用输送带的红外视觉检测

机器视觉检测使用的是普通视觉传感器，该视觉传感器应用光学成像技术，主要对光线的明暗进行敏感判别。在矿井的巷道内由于灰尘、煤渣的影响，光线的明暗会随时随地受到环境的影响，无法为光学传感器提供可靠准确的图像数据。倘若使用光学传感器，必将会造成光学传感器所成图像中的各种错误信息，最终导致检测系统的误判，以及控制运输系统输送带的误动作，造成事故发生。所以，在矿井现场使用光学的视觉传感器作为检测装置的敏感器件时，必须对环境严格控制且需架设光源。而红外传感器利用的是物体辐射的红外波谱进行成像，红外CCD（一种红外传感器）可以不受环境光线影响而进行准确的成像。这样对于矿井巷道等光线不稳定的环境恶劣的工作环境具有很好的适用性，可以在光线不确定的情况下达到光学传感器的成像能力。

本章简要介绍了红外无损检测[1-3]的基本原理，介绍了常见的红外传感器、性能参数及其常见的应用领域；阐述了目前在金属、复合多层材料等无损检测方面具有强大优势的红外热波检测；基于现阶段已有的红外检测技术，结合红外检测和普通的机器视觉检测，设计出更适用于矿井巷道等环境的红外视觉检测。

6.1 红外辐射概述

红外辐射俗称为红外线，是一种人眼看不到的光线。人们已经知道，红外辐射同可见光一样，也是一种电磁波。红外线是位于可见光中红光以外的光线，故称为红外线。它的波长范围大致在 0.76～1000μm 的频谱范围之内，相对应的频率大致在 $3 \times 10^{11} \sim 4 \times 10^{14}$Hz 之间。

在红外光谱中，红外线可以分为三部分：近红外线，波长为 0.75～1.5μm；中红外线，波长为 1.5～6.0μm；远红外线，波长为 6.0～1000μm。

自然界中存在的任何物体，只要温度高于热力学温度零度（-273.15℃）都会向外辐射红外线。物体的温度越高，辐射的红外线就越多，红外辐射的能量就越强。研究发现，可见光谱中各种单色光的热效应从紫色光到红色光是逐渐增大的，而且最大的热效应出现在红外辐射的频率范围内，因此人们又将红外辐射称为热辐射或热射线。红外辐射与可见光类似，具有可见光所有的一切特性，即：红外辐射也是沿直线传播，服从反射和折射定律，存在干涉、衍射等现象。

自然界中的所有物体都具有吸收和辐射红外线的本领，设能量为 Q 的热射线辐射到某物体上，其中：Q_1 被吸收；Q_2 被反射；Q_3 透射过该物体。根据能量守恒

定律，有

$$Q_1+Q_2+Q_3=Q \qquad (6\text{-}1)$$
$$\alpha+\beta+\gamma=1 \qquad (6\text{-}2)$$

式中：α 为物体对红外线的吸收率，且 $\alpha=Q_1/Q$；β 为物体对红外线的反射率，且 $\beta=Q_2/Q$；γ 为物体对红外线的透射率，且 $\gamma=Q_3/Q$。

当 $\alpha=1$ 时，说明照射在物体上的辐射能全部被吸收，这类物体称为黑体；当 $\beta=1$ 时，说明照射在物体上的辐射能全部被反射，这类物体称为白体；当 $\gamma=1$ 时，说明照射在物体上的辐射能全部透射过去，这类物体称为透射体。在自然界中并不存在绝对的黑体、白体、透射体，α、β、γ 的大小由物体的材料性质、形状、表面状态以及射线的波长等因素共同决定。

由于实际物体的红外辐射情况特别复杂，而黑体是实际物体的一种简单的理想模型，研究黑体的热辐射定律对研究实际物体的辐射规律有着重要的指导作用，而且黑体的辐射定律相对实际物体也较为简单。

下面介绍关于辐射的一些基本概念，包括辐射强度、辐射出射度、辐射亮度、辐射照度、点源产生的辐射照度、小面源产生的辐射照度等。

1. 辐射强度

辐射强度描述的是点源所发射的辐射功率在空间的分布特性。辐射源在某一特定方向的辐射强度是指辐射源在包括该方向的单位立体角内所发射的辐射功率，常用 I 表示。

2. 辐射出射度

辐射出射度描述的是拓展源所发射的辐射功率在源表面的分布特性。辐射出射度是指辐射源单位表面积向半球空间内发射的辐射功率，常用 M 表示。

3. 辐射亮度

辐射亮度简称辐亮度，描述的是拓展源所发射的辐射功率在源表面不同位置上沿空间不同方向的分布特性。辐射源在某一方向上的辐射亮度是指在该方向上单位投影面积向单位立体角中发射的辐射功率，常用 L 表示。

根据辐射强度、辐射出射度和辐射亮度的定义，有

$$M = \int_{2\pi} L\cos\theta\,\mathrm{d}\Omega \qquad (6\text{-}3)$$
$$I = \int_{A} L\cos\theta\,\mathrm{d}A \qquad (6\text{-}4)$$

4. 辐射照度

辐射照度是指被照表面单位面积上接收到的辐射功率，常用 E 表示。

6.1.1 黑体的红外辐射定律

1. 普朗克辐射定律

1990 年，根据量子理论，普朗克提出：不同温度时，黑体[4]的光谱辐射出射度

随着波长变化的规律（即普朗克辐射定律[5]），是描述辐射光谱分布的规律，即

$$M_\lambda(T) = \frac{C_1}{\lambda^5}\left[\exp\left(\frac{C_2}{\lambda T}\right) - 1\right]^{-1} \qquad (6\text{-}5)$$

式中：$M_\lambda(T)$ 为黑体的光谱辐射出射度；C_1 为第一辐射常数，取值为 $C_1 = 2\pi hc^2 = 3.74\times10^8(\text{W}\cdot\mu\text{m}^4/\text{m}^2)$；$C_2$ 为第二辐射常数，取值为 $C_2 = hc/k_B = 1.43\times10^4(\mu\text{m}\cdot\text{K})$；$C$ 为光速（m/s）；k_B 为玻耳兹曼常数（J/K）。

图 6-1 所示为黑体光谱辐射出射度随着波长变化的曲线。

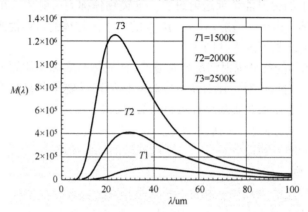

图 6-1　黑体的光谱辐射出射度曲线图

由图 6-1 可以得出：

（1）总的辐射出射度随着温度的升高而增加，温度越高，辐射出射度越大；

（2）当温度一定时，辐射出射度随着波长的不同而有规律地变化，且曲线有一个最大值。

2. 玻耳兹曼定律

玻耳兹曼定律又称为全辐射定律，是辐射功率随温度变化的规律；描述的是黑体的全辐射与温度的关系[6]。对普朗克辐射定律的 $M_\lambda(T)$ 对波长 λ 做 $0\sim\infty$ 的积分，即

$$M = \int_0^\infty M_\lambda \mathrm{d}\lambda = \int_0^\infty C_1\lambda^{-5}[\exp(C_2/\lambda T)-1]\mathrm{d}\lambda = \sigma T^4 \qquad (6\text{-}6)$$

式中：σ 为玻耳兹曼常数，取值为 $\sigma = \dfrac{\pi^4 C_1}{15 C_2^{\,4}} = 5.67\times10^{-8}\ \text{W}/(\text{m}^2\cdot\text{K}^4)$。

式（6-6）即为玻耳兹曼定律，该定律表明黑体的全辐射与其热力学温度的 4 次方成正比，即相当小的温度变化就会引起很大的全辐射变化。该定律也解释了自然界中存在的任何物质，都会自发发出红外辐射（自然界中存在的物质的温度都高于绝对零度）。

3. 维恩位移定律

维恩位移定律，是辐射光谱的移动规律。对普朗克定律中的 $M_\lambda(T)$ 对波长求导，

并求出极大值，可得到维恩位移定律[7]，即

$$\lambda_m T = 2897.8\mu\mathrm{m}\cdot\mathrm{K} \tag{6-7a}$$

式中：λ_m 为黑体光谱辐射出射度极大值所对应的波长，简称峰值波长；T 为热力学温度。

式（6-7）表明表面黑体的光谱辐射出射度的极大值所对应的波长与热力学温度成反比，该定律亦解释了图 6-1 中光谱辐射出射度的峰值波长随着温度的升高向短波方向移动的原因。

6.1.2　实际物体的红外辐射规律

黑体的辐射出射度只与温度和波长有关，而与构成黑体的材料性质和黑体的形状以及表面情况无关，实际物体则有所不同。实际物体的辐射除了与温度和波长有关，还同构成该物体的材料性质以及表面状态等因素有关。虽然理想的黑体辐射源实际并不存在，但是在实际中对物体的辐射特性的描述还是相对于黑体进行的，只需引入一个随着物质材料性质和表面状态变化的辐射系数，则可以将黑体辐射的三个规律应用于实际物体，从而使得实际物体的辐射规律研究大大简化。

定义相同温度下实际物体与黑体的辐射性能之比为物体的辐射系数 ε，有

$$\varepsilon(T) = \frac{M(T)}{M_0(T)} \tag{6-7b}$$

大量事实与理论证明，同温条件下，实际物体发射或吸收辐射能都低于黑体的相应辐射能。因此，物体的辐射系数 ε 介于 0 和 1 之间。

若一个物体对于所有的波长 λ 都有同样的辐射系数 ε，则称该物体为灰体。而辐射系数随着波长 λ 的变化而变化的物体称为选择性辐射体。

同黑体一样，灰体也是一种理想模型。但是在工业高温条件下，多数材料的热辐射主要处于红外范围内，在该范围内材料的辐射系数随着波长变化不大，因此允许将工程材料作为灰体处理。如果热辐射中可见光所占比例较大，再将材料作为灰体处理则会导致很大的误差。

6.2　红外检测技术

6.2.1　红外无损检测技术的理论基础

自然界中温度高于热力学零度（-273℃）的物体，内部微观粒子的热运动状态改变都会向外不断发射电磁波而传递能量，这个过程称为热辐射。物体辐射红外线的强弱、辐射能量中短波成分的比例与物体的性质以及温度有关。即使是同一物体，当各部分的温度不同时，相应辐射的红外线波长和能量也会有所不同。理论上可用红外无损检测技术对任何物体进行检测。红外无损检测的基础理论有

热辐射理论、热传导理论、红外热成像理论。其中，热辐射理论在 6.1 节已经详细介绍。

1. 热传导理论

当物体受到外界的热扰动时,内部温度场在趋于热平衡的过程中根据物质不同其变化方式不同,其表面温度场的时间和空间变化也不同。这不仅与材料本身特性有关,也与材料内部结构和不均匀性有关。热波的传播方式由材料的特性、几何边界形状和边界条件决定[8]。

2. 红外热成像理论

红外热成像[9-11]技术是一种被动式的非接触的检测与识别技术,具有隐蔽性好、不受电磁干扰、不受气候环境影响、全天候检测、探测能力强、直观等优点,除主要应用在军事上外,红外热成像技术还广泛应用在工农业、医疗、考古、交通、地质、公安侦查等民用领域,而且在安防监控领域中也有大量的应用,以方便实现智能安防监控。红外热成像的理论基础是黑体辐射理论。其原理是一切物体在温度高于热力学零度（-273℃）时都要向外发出红外热辐射。利用红外热成像技术将物体自身辐射或反射的红外辐射图样（载有物体的特征信息）转换成人眼可识别的可视图像,即将物体表面的温度变化转换为图像,用来判别各种被测物体的温度高低、热分布场及内部特征信息。因此,若要检测被测目标内部缺陷信息,最主要的是得到其表面温度场的分布情况。

根据黑体辐射定律,半球空间上黑体辐射能的光谱分布由普朗克辐射定律给出,即

$$W_b(\lambda,T) = \frac{2\pi hc^2}{\lambda^5[\exp(hc/\lambda kT)-1]} \tag{6-8}$$

而实际的红外探测器[12]只能在一定的波长范围$[\lambda_1,\lambda_2]$内对物体的辐射产生响应,因此实际的探测器输出信号I_b为

$$I_b(T) = \int_{\lambda_1}^{\lambda_2} \varepsilon_0(\lambda,T) \cdot W_b(\lambda,T)\mathrm{d}\lambda \tag{6-9}$$

式中: $\varepsilon_0(\lambda,T) = W_0(\lambda,T)/W_b(\lambda,T)$ 为实际物体的发射率,其值在（0，1）之间。它是波长 λ 和温度 T 的函数,但是为了简化分析,在此将其看作常量。式（6-9）为探测器输出 I_b 与黑体的热力学温度 T 之间的关系,但在实际中很难直接计算,一般通过红外热像仪的标定曲线来定量表示二者之间的关系。红外热像仪的标定曲线的数学模型为

$$I_b(T) = \frac{A}{\mathrm{e}^{B/T} - F} \tag{6-10}$$

式中: $I_b(T)$ 为红外探测器接收到的热力学温度为 T 的黑体辐射的热值;A 为热探测器的响应因子;B 为光谱因子;F 为探测器的形状因子。

如果求出 $I_b(T)$ 的大小,即可求出被测目标表面温度 T 的值,进而可得到目标

内部的结构特性。但是实际上，红外探测器接收到的辐射不只是物体自身发出的辐射，还包括大气的透射辐射[13]、物体对环境的反射及扫描器内部的热辐射等。将主要影响考虑进去而忽略影响小的部分，最后可通过式（6-11）计算物体真实的红外辐射 I_{obj}，即

$$I_{obj} = \frac{I_{tol} - (1-\varepsilon_0) \cdot \varepsilon_a \cdot I_{sur}}{\varepsilon_0} \qquad (6-11)$$

式中：I_{tol} 为红外探测器接收到的红外辐射；ε_0 为物体的红外发射率；ε_a 为环境的红外发射率；I_{sur} 为温度等于环境温度时的黑体辐射的热值。

令 $I_{obj} = I_b(T_{obj})$，即可求出物体的温度 T_{obj}，从而实现红外检测的目的。

6.2.2 红外传感器

红外传感器（也称为红外探测器）是能将红外辐射能转换成电能的光敏器件，它是红外探测系统的关键部件，其性能好坏将直接影响系统性能的优劣。因此，选择合适的、性能良好的红外传感器，对于红外探测系统来说是十分重要的。

常见的红外传感器有热传感器和光子传感器。

1. 热探测器

热探测器是利用入射红外辐射引起传感器的温度变化，进而使相关物理参数发生相应的变化，通过测量有关物理参数的变化来确定红外传感器所吸收的红外辐射。

热传感器的主要优点是：响应波段宽，可以在室温下工作，使用简单。但是，热传感器响应时间较长，灵敏度较低，一般用于低频调制的场合。

热传感器主要类型有热敏电阻型、热电偶型和热释电型三种。

1）热敏电阻型传感器

热敏电阻是由锰、镍、钴的氧化物混合后烧结而成，一般制成薄片状。当红外辐射照射在热敏电阻片上，其温度升高，电阻值减小。测量热敏电阻值变化的大小，即可得知入射红外辐射的强弱，从而可以判断产生红外辐射物体的温度。

2）热电偶型传感器

热电偶型传感器由热电功率差别较大的两种金属材料构成。当红外辐射入射到热电偶回路的测温结点上时，该结点温度升高，而另一个没有被红外辐射的结点处于较低的温度。此时，在闭合回路中将产生温差电流，同时产生温差电势。温差电势的大小，反映了结点吸收红外辐射的强弱。利用温差电势现象制成的红外传感器称为热电偶型红外传感器，因其时间常数较大，响应时间较长，动态特性较差，调制频率应限制在 10 Hz 以下。在实际应用中，往往将几个热电偶串联起来组成热电堆来检测红外辐射的强弱。

3）热释电型传感器

热释电型传感器是用具有热释电效应的材料制作的敏感元件。热释电材料是一

种具有自发极化特性的晶体材料。自发极化是指由于物质本身的结构在某个方向上正负电荷中心不重合而固有的极化。一般情况下，晶体自发极化所产生的表面束缚电荷被吸附在晶体表面上的自由电荷所屏蔽；当温度变化时，自发极化发生改变，从而释放出表面吸附的部分电荷。

当红外辐射照射到已经极化的铁电体薄片表面上时，引起薄片温度升高，使其极化强度降低、表面电荷减少，这相当于释放一部分电荷，所以称为热释电型传感器。

将负载电阻与铁电体薄片相连，则负载电阻上产生一个电信号输出。输出信号的大小，取决于薄片温度变化的快慢，从而反映出入射的红外辐射的强弱。由此可见，热释电型红外传感器的电压响应率正比于入射辐射变化的速率。

使用热释电型传感器时需注意：当恒定的红外辐射照射在热释电传感器上时，传感器没有电信号输出；只有铁电体温度处于变化过程中，才有电信号输出。必须对红外辐射进行调制（或称斩光），使恒定的辐射变成交变辐射，不断引起传感器的温度变化，才能导致热释电产生，并输出交变的信号。

热释电型与其他热敏型红外探测器的根本区别：后者利用响应元的温度升高值来测量红外辐射，响应时间取决于新的平衡温度的建立过程，时间比较长，不能测量快速变化的辐射信号；热释电型探测器所利用的是温度变化率，因而能探测快速变化的辐射信号。

2. 光子传感器

光子传感器[14]是利用某些半导体材料在入射光的照射下，产生光子效应，使材料电学性质发生变化。通过测量电学性质的变化，可以知道红外辐射的强弱。利用光子效应所制成的红外传感器，统称为光子传感器。

光子传感器的主要特点是灵敏度高、响应速度快、具有较高的响应频率，但一般需在低温下工作，探测波段较窄。

按照光子传感器的工作原理，可分为红外光电传感器、光电导传感器和光磁电传感器等。

1）红外光电传感器

当光辐射照在某些材料的表面上时，若入射光的光子能量足够大，就能使材料的电子逸出表面，向外发射出电子，这种现象称为外光电效应或光电子发射效应。

光电二极管、光电倍增管等都属于这种类型的电子传感器。这类传感器的响应时间非常短。

电子逸出需要较大的光子能量，只适宜于近红外辐射或可见光范围内使用。

2）光电导传感器

当红外辐射照射在某些半导体材料表面上时，半导体材料中有些电子和空穴可以从原来不导电的束缚状态变为能导电的自由状态，使半导体的导电率增加，这种现象称为光电导现象。利用光电导现象制成的传感器称为光电导传感器。使用

172

光电导传感器时，需要制冷和加上一定的偏压，否则会使响应率降低、噪声大、响应波段窄，以致红外传感器损坏。

3）光磁电传感器

当红外辐射照射在某些半导体材料的表面上时，材料表面的电子和空穴将向内部扩散。在扩散中若受强磁场的作用，电子与空穴则各偏向一边，因而产生开路电压，这种现象称为光磁电效应。利用此效应制成的红外传感器，称为光磁电传感器。

光磁电传感器不需要制冷，响应波段可达 7μm 左右，时间常数小，响应速度快，不用加偏压，内阻极低，噪声小，具有良好的稳定性和可靠性。但其灵敏度低，低噪声前置放大器制作困难，因而影响了使用。

6.2.3 红外传感器的性能参数

1. 响应波长范围

响应波长范围（或称光谱响应）是表示传感器的电压响应率与入射的红外辐射波长之间的关系，一般用曲线表示。

一般将响应率最大值所对应的波长称为峰值波长。把响应率下降到响应值的一半所对应的波长称为截止波长，它表示红外传感器使用的波长范围。

2. 噪声等效功率

如果投射到红外传感器敏感元件上的辐射功率所产生的输出电压，正好等于传感器本身的噪声电压，则这个辐射功率称为"噪声等效功率"。通常用符号"NEP"表示，即

$$NEP = \frac{P_0 A_0}{U_s / U_N} = \frac{U_N}{R_V} \qquad (6\text{-}12)$$

式中：U_s 为红外探测器的输出电压；P_0 为投射到红外敏感元件单位面积上的功率；A_0 为红外敏感元面积；U_N 为红外探测器的综合噪声电压；R_V 为红外探测器的电压响应率。

3. 探测率

探测率是噪声等效功率的倒数，即

$$D = \frac{1}{NEP} = \frac{R_V}{U_N} \qquad (6\text{-}13)$$

红外传感器的探测率越高，表明传感器所能探测到的最小辐射功率越小，传感器就越灵敏。

4. 比探测率

比探测率又称归一化探测率，或者称探测灵敏度，实质上就是当传感器的敏感元件面积为单位面积，放大器的带宽 Δf 为 1Hz 时，单位功率的辐射所获得的信

号电压与噪声电压之比。比探测率通常用符号 D^* 表示，即

$$D^* = \frac{1}{\text{NEP}}\sqrt{A_0\Delta f} = D\sqrt{A_0\Delta f} = \frac{R_V}{U_N}\sqrt{A_0\Delta f} \qquad (6\text{-}14)$$

5．时间常数

时间常数表示红外传感器的输出信号随红外辐射变化的速率。输出信号滞后于红外辐射的时间，称为传感器的时间常数，在数值上可表示为

$$\tau = \frac{1}{2\pi f_c}$$

式中：f_c 为响应率下降到最大值的 0.707 信时的调制频率。

热传感器的热惯性和 RC 参数较大，其时间常数大于光子传感器，一般为毫秒级或更长；而光子传感器的时间常数一般为微秒级。

6.2.4 红外传感器的应用

随着红外传感器的高速发展，红外检测已被人们所熟知，这种技术在国防、军事、电气等领域获得了广泛的应用。红外传感器系统是以红外线为介质的测量系统，按照其功能不同可以分为以下四类。

（1）辐射计，用于辐射和光谱测量。

（2）搜索和跟踪系统，用于搜索和跟踪红外目标，确定其位置并对其运动进行跟踪。

（3）热成型系统，可以产生整个目标红外辐射的分布图像。

（4）红外测距和通信系统。

1．红外技术在温度检测中的应用

温度是表征物体冷热程度的物理量,红外测温是一种很先进的测温方法,其优点有:

（1）红外测温是远距离和非接触测温，特别适合于高速运动物体、带电体、高温及高压物体的温度测量。

（2）红外测温反应速度快。它不需要与物体达到热平衡的过程。只要接收到目标的红外辐射即可定温。反映时间一般都在毫秒级甚至微秒级。

（3）红外测温灵敏度高。根据玻耳兹曼定律，物体的辐射能量与物体温度的 4 次方成正比。

（4）准确度高。由于是非接触测量，不会破坏物体原来温度分布状况，因此测出的温度比较真实。其测量准确度可达到 0.1℃以内，甚至更小。

（5）使用范围广。由玻耳兹曼定律可知，自然界存在的物体，都会向外辐射红外线。从理论上讲，红外测温适用于自然界中的所有物体。

红外测温仪的种类很多，测温系统千变万化，但他们的基本结构一般都是相同的，主要由光学系统、调制器、探测器（红外传感器）、放大器和指示器等部件组

成。红外测温仪结构图如图 6-2 所示。

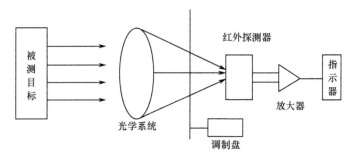

图 6-2　红外测温仪结构图

调制器是将红外辐射调制成交变辐射的装置，一般是用微电机带动一个齿轮盘或等距离孔盘。通过齿轮盘或带孔盘旋转，切割入射辐射而使投射到红外传感器上的辐射信号交变。装设该装置的原因是测试电路对交流信号易于处理，并且具有较高的信噪比。

2. 红外成像仪

在许多场合，人们不仅需要知道物体表面的平均温度，更需要了解物体的温度分布情况，以便分析、研究物体的结构，探测内部缺陷。红外成像能将物体的温度分布以图像的形式直观地显示出来。根据成像器件的不同，可以利用红外变像管、红外摄像机、光学机械扫描器件、电荷耦合成像器件（CCD）等。

1）红外变像管

当物体的红外辐射通过物镜照射到光电阴极上时，光电阴极表面的红外敏感材料——蒸涂的半透明银氧铯接收辐射后，便发射光电子。光电阴极表面发射的光电子密度的分布，与表面的辐照度的大小成正比，也就是与物体发射的红外辐射成正比。

光电阴极发射的光电子在电场的作用下飞向荧光屏，荧光屏上的荧光物质受到高速电子的轰击后便发出可见光。可见光辉度与轰击的电子密度的大小成比例，即与物体红外辐射的分布成比例。这样，物体的红外图像便被转换成可见光图像。人们通过观察荧光屏上的辉度明暗，便可知道物体各部位温度的高低。

红外变像管是直接把物体红外图像变成可见图像的电真空器件，主要由光电阴极、电子光学系统和荧光屏三部分组成，并安装在高度真空的密封玻璃壳内。其结构原理图如图 6-3 所示。

2）红外摄像机

红外摄像机是将物体的红外辐射转换成电信号，经过电子系统放大处理，再还原为光学影像的成像装置，具体可分为光导摄像管、硅靶摄像管和热释电摄像管等。

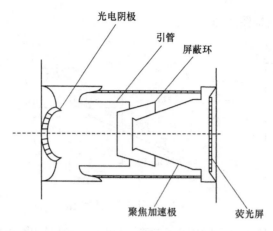

光电阴极
引管
屏蔽环
聚焦加速极
荧光屏

图 6-3　红外变相管结构原理图

以硅靶摄像管为例。当经过调制的红外辐射经光学系统成像在靶上时，靶面吸收红外辐射，温度升高并释放出电荷。

靶面各点的热释电荷与靶面各点温度的变化成正比，且与靶面的辐照度成正比。因而，靶面各点的热释电量与靶面的辐照度成正比。

当电子束在外加偏转电场和纵向聚焦磁场的作用下扫过靶面时，就得到与靶面电荷分布相一致的视频信号。通过导电膜取出视频信号，送视频放大器放大，再送到控制显像系统，在显像系统的屏幕上便可见到与物体红外辐射相对应的热像图。

值得注意的是，热释电材料只有在温度变化的过程中才产生热释电效应，温度一旦稳定，热释电效应就会消失。所以，当对静止物体成像时，必须对物体的辐射进行调制。对于运动物体，可在无调制的情况下成像。

6.3　红外热波无损检测

红外无损检测是 20 世纪 60 年代后发展起来的新技术，通过测量热流或热量来鉴定金属或非金属材料质量，探测内部缺陷。对于某些采用 X 射线、超声波等无法探测的局部缺陷，用红外无损检测可取得较好的效果。

红外热波无损检测技术作为红外无损检测中的一种，已广泛应用于航空、航天、机械等领域的材料缺陷检测。该技术通过主动控制热激励源对被测材料进行主动加热，在材料缺陷处和非缺陷处的不同的热特性引起材料表面温度场变化的差异。根据不同材料热辐射特性不同的原理，通过扫描记录或观察被测材料表面温度场变化速度的差异，即可获取被测材料的缺陷信息。

6.3.1　红外热波无损检测原理

红外热波检测就是以红外辐射原理为基础，运用红外辐射测量分析方法对设备、材料等被测对象进行检测。根据被测对象的不同，通常采用不同方法控制热源以主动方式来激发被测物体的内部损伤和缺陷。热流在物体内部扩散和传递的过程中，由于被测物体中存在缺陷，热传导将产生不连续性，反映在物体表面就会形成不同的温度分布。红外热波检测技术就是通过红外热成像技术记录材料表面的红外辐射，测量和记录物体表面的温度分布，根据这些信息即可以获取材料的均匀性信息和材料表面下的结构信息，进而对其内部是否存在缺陷、运行状态是否正常做出判断。这就是红外热波检测[15]的基本原理。

6.3.2 红外热波无损检测技术的检测方式

红外热波无损检测技术根据其检测方式可分为两种。

（1）被动红外检测法，又称无源红外检测法，即不对被测物体加热，仅仅利用自然环境下被测物体本身热辐射造成的温度差异进行检测。

（2）主动红外检测法，又称有源红外检测法，即用外部热源对被测物体注入热量，使被测目标失去热平衡，热流在被测物体的传导过程中会因内部缺陷的影响而产生变化，然后利用相应表面产生的温度分布异常进行检测。

在目前红外热波无损检测技术研究中，最常用的一种热激励方式就是用高能闪光灯做脉冲热源，高能闪光灯的功率一般都在几千瓦量级；闪光灯瞬间照射之后产生的热波在被测物体中传播，物体表面以下的热传导特性可以由其表面的温度反映出来；利用红外热像仪实时记录物体表面热图并做后续处理和分析。

主动式红外检测又分为单面法和双面法。单面法是指在被测物体的同一面进行加热和检测；而双面法是在被测物体的一面进行加热、另一面进行检测。两种检测方法的热传导情况如图 6-4 和图 6-5 所示。

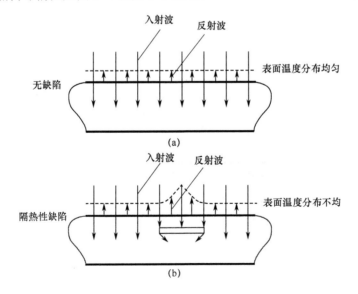

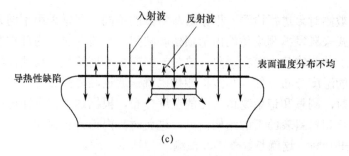

(c)

图 6-4　单面法检测热传导示意图

(a) 均质物体；(b) 非均质物体；(c) 非均质物体。

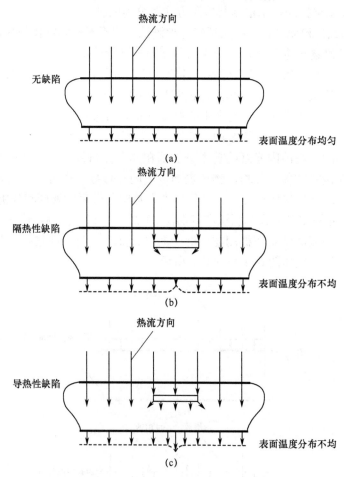

图 6-5　双面法检测热传导示意图

(a) 均质物体；(b) 非均质物体；(c) 非均质物体。

图 6-4 和图 6-5 中，虚线代表材料表面的温度分布情况，箭头方向代表热流方向。

178

对被测物体注入热流后，如果物体是均匀无缺陷的，热流在物体中传导或者被表面反射回来后，每个表面的温度场分布基本上也是均匀的；如果物体内部存在缺陷，热流的传导便会被缺陷影响而发生改变，从而使缺陷处对应的表面温度分布产生异常。当物体内部含有隔热性缺陷时，如果采用单面法检测，因缺陷处热量堆积，其对应表面会出现高温点；反之，如果采用双面法检测，缺陷处表面会出现低温点。而当物体内部含有导热性的缺陷时，如果采用单面法检测，因缺陷处热量传导较快，其表面出现低温点；反之，如果采用双面法检测，缺陷处表面会出现高温点。因而，采用红外热波无损检测技术可以非常直观地检测出材料内部的缺陷[16-19]。

6.4　矿用输送带纵向撕裂的红外视觉检测系统设计

针对矿用输送带的纵向撕裂，现阶段主要由传统的人工检测法和机器视觉检测。由于矿用输送带的工作地点常位于井下，烟雾、灰尘缭绕，光线昏暗，机器视觉检测方法局限性很大，需要外设光源，而且烟雾灰尘等会对检测结果造成影响。

而红外检测方法，是通过危险源造成输送带纵向撕裂时，摩擦生热，会使输送带的撕裂处产生温度突变，利用红外CCD[20]相机对输送带进行扫描，呈现出输送带的表面温度分布图，通过图像分析、处理最终确定输送带是否发生纵向撕裂。该方法的优点是有很强的实时性，在发生撕裂的同时便可以检测到；不受输送带工作环境的影响。

6.4.1　CCD 传感器

电荷耦合元件（Charge Coupled Device, CCD）自 19 世纪 70 年代初诞生以来，已迅速发展成为最常用的固体图像传感器，且广泛应用于科技、教育、医学、商业、工业、军事和消费领域。CCD 是一种半导体成像器件。CCD 上植入的微小光敏物质称作像素。一块 CCD 上包含的像素数越多，其提供的画面分辨率也就越高。CCD 的作用就像胶片一样，但它是把光信号转换成电荷信号。CCD 上有许多排列整齐的光电二极管，能感应光线，并将光信号转变成电信号，经外部采样放大及模数转换电路转换成数字图像信号。

CCD 从工作特性可分为线性 CCD 和矩阵式 CCD，从工艺特性又可分为单CCD、3CCD 及 Super CCD 三种，按光谱可分为可见光 CCD、红外 CCD、X 光CCD 和紫外 CCD。

CCD 从结构上分为线阵 CCD 和面阵 CCD，从受光方式分为正面光照和背面光照两种。线阵 CCD 有单沟道和双沟道两种信号读出方式，其中双沟道信号读出方式的信号转移效率高。面阵 CCD 的结构复杂，常见的有帧转移（FT）CCD、全帧转移（FFT）CCD、隔列内线转移（IIT）CCD、帧内线转移（FIT）CCD、累进扫描内线转移（PSIT）CCD 等。

CCD 由大量独立光敏元件组成，每个光敏元件也称为一个像素。这些光敏元件通常是按矩阵排列的，光线透过镜头照射到光电二极管上，并被转换成电荷。每个元件上的电荷量取决于它所受到的光照强度，将图像光信号转换为电信号。当 CCD 工作时，CCD 将各个像素的信息经过模/数转换器处理后变成数字信号，数字信号以一定格式压缩后存入缓存内，然后图像数据根据不同的需要以数字信号和视频信号的方式输出。

6.4.2 矿用输送带红外视觉检测系统设计

红外视觉检测系统，采用红外 CCD 对输送带图像的特征信息进行采集和捕捉，利用红外 CCD 穿透性好、抗干扰能力强的优势，对输送带上异常点的特征信息进行有效、准确、快速地捕捉和分析，充分保证了检测系统高效、无误判地运行。

1. CCD 采集模块的选型

由于运输系统输送带属于工业高速运转设备，对输送带监测的实时性是至关重要的。当撕裂一旦发生，如果没有及时发现，或者是机器反应不够迅速，会直接造成撕裂的进一步延长，形成漏煤、托辊损毁等，甚至造成更为严重的灾难性事故。

鉴于以上的技术要求，检测系统必须具备较强的实时性。在事故发生的第一时间，及时捕捉到事故图像，通过程序判断，确定事故发生，做出报警停机动作。Flir 公司生产的 Tau2 640 红外 CCD，具有高分辨率、响应快等特点，具有最高每秒 30 帧的拍摄速度和 30cm 的纵向视野，保证在物体运动不大于 9m/s 的情况下均可完整拍摄。这样，运输系统输送带就有 0.3μs 的曝光时间，保证对高速运动物体的拍摄中不会产生拖影现象，这样的拍摄速度完全适应了输送带高速运动中的准确拍摄。

2. 图像分析系统

本系统的核心思想是使用红外 CCD 作为外端传感器件，通过视觉捕捉、采集，对每一帧图像通过后台处理器进行分析处理，判断故障发生与否，并对故障点进行捕捉，判定故障发生，对运输系统输送带进行停机操作。

图像采集分析等在第五章机器视觉检测已详细叙述。

3. 检测系统结构设计

如图 6-6 所示，使用红外 CCD 作为前端传感器，安装在输送带下表面的下方，镜头对准输送带。由于图像数据的数据量较大，采用将处理器放置在传感器直接连接的位置，实时迅速地对每一帧图像进行处理，然后通过数据中继装置，将 CCD 采集到的画面传送到监控室。检测系统直接与矿井输送带运行管理系统相连，当撕裂一旦被检测到，立即控制运输系统输送带操作系统，控制运输系统输送带停车。

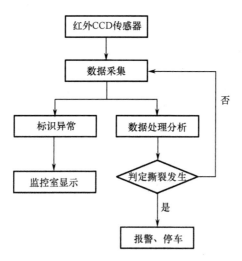

图 6-6　检测系统流程图

纵向撕裂检测系统属于高速作业机械，采集到的数据需要实时处理并分析，利用 CCD 采集到的图像不经过储存，直接在系统缓存中利用相关图像处理技术及专用于本系统的算法对图像中的特征信号进行分析，并作出相应动作。处理过程在系统后台进行，通过显示器实时显示 CCD 拍摄到的图像。若输送带发生磨损或其他异常，但并非撕裂，利用红框在原画面上对异常区域进行标示，并在系统后台将带有异常特征点的图像进行保存，图像命名为当时日期及准确时间，以备后续工作人员查看记录。在发生撕裂的同时，拉响声光警报，通知工作人员，进行监视查看，由执勤人员决定是否停车。若输送带发生撕裂，红框标示变为宽红色竖线，在显示器上着重显示，同时拉响警报，并立即控制运输系统输送带运行操作系统，进行停车动作，将输送带的撕裂距离控制在最小的范围内，减少经济损失以及工人维修等的人力、物力，缩短停产时间。

6.4.3　系统的抗干扰设计

系统的抗干扰是指系统能够无故障、无误判、抗干扰的能力。衡量抗干扰性的标准是误判率要低，最好不出现误判。输送带纵向撕裂监测系统工作在工矿企业这些环境十分恶劣的工业现场，极易受到粉尘、机油、水甚至工作人员在操作过程中造成的多种形式的干扰。这些干扰对于系统正常运行有极大的影响。一旦系统出现故障，轻者影响生产，重者造成事故，后果不堪设想。因此，在设计过程中，始终要把较少干扰、降低误判放在首位。

1. 系统除尘

本系统的安装环境是矿井巷道，灰尘大、煤粒多，有时还伴有水煤、油质等。由于本系统的主要传感器为视觉传感器，光线要求较高，且CCD镜头表面绝不能有任何遮挡甚至污点。所以，在设计防爆箱的同时，要将镜头除尘也考虑在内。

本系统考虑到输送带工作的不间断性，所以采取一种对镜头表面或外围持续清扫的方案来解决这个问题。在CCD所在的监控箱内，使用一个钢化玻璃滚筒将CCD及线光源包围在内，与滚筒平行装配一个雨刷。当系统开启，雨刷与滚筒同时转动，方向相反，以此将落在滚筒上的杂质直接刮掉，如图6-7所示。

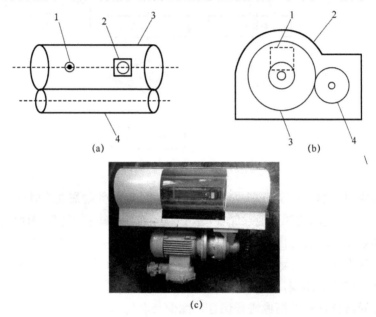

图 6-7　除尘装置

（a）正面示意图；（b）截面示意图；（c）实物图。

1—激光源；2—CCD传感器；3—钢化玻璃滚筒；4—雨刷。

在监控箱下表面设计为镂空，电动机引导滚筒和雨刷同时转动，滚筒和雨刷同时以逆时针方向转动，在滚筒和雨刷交接处，由滚筒带上来的污泥被雨刷刮下。这样滚筒和雨刷持续转动，以此方法保持玻璃滚筒的表面清洁，保证CCD正常采集，不受杂质等的干扰。

2. 信息传输可靠性

运输系统输送带的运行速度在4~6m/s，所以，检测系统的实时性是很重要的。对输送带撕裂的判断是在下位机上完成，而报警以及停机操作是在监控室的上位机，而这样一个判定信号的传输就有可能导致事故发生及控制动作完成的延时。

由于系统的采集点位于运输系统输送带机头附近，这里距离操作人员所在的监控室较近，所以采用将主机安装在采集点，显示器安装在监控室的方案。采集点与监控室之间大约 10m 的距离，使用数据延长线，将视频信号和鼠标、键盘等操作信号输送至监控室。CCD 采集的信号实时传输到监控室的监视器，当有撕裂发生，通过控制器内部程序自行识别，实现拉响警报。

6.5 本章小结

本章在研究和总结国内外矿用输送带纵向撕裂监测技术现状的基础上，重点研究了红外 CCD 探测技术，提出了基于红外 CCD 技术的非接触式纵向撕裂监测方法。制作的系统样机在试验室考核测试后，最终在现场进行使用。应用表明，该检测系统安装方便、可靠性高、响应速度快、智能化程度高，适应于煤矿井下等特殊工业应用环境，应用前景广泛。

参 考 文 献

[1] 杨词银, 张建萍, 曹立华. 基于实时标校的目标红外辐射测量新方法[J]. 红外与毫米波学报, 2011,03: 284-288.

[2] 吕建伟. 飞行器表面红外辐射的模型以及红外特征分析 [J]. Chinese Journal of Aeronautics, 2009, 05: 493-497,577.

[3] Clark M R, McCann D M, Forde M C. Application of infrared thermography to the non-destructive testing of concrete and masonry bridges[J]. NDT & E International, 2003, 4（36）: 265-275.

[4] 徐代升, 陶家友, 陈松. 基于 MATLAB 的黑体辐射特性分析[J]. 湖南理工学院学报（自然科学版）, 2008, 04: 35-38.

[5] 张发强, 樊祥, 马东辉. 空间目标红外辐射理论分析[J]. 红外与激光工程,2007,S2: 419-422.

[6] 邓易冬, 贾丽, 李向上, 等. 基于红外传感技术的电机堵转智能控制系统设计[J]. 电气开关, 2007, 06: 27-29.

[7] Crepeau J. A BRIEF HISTORY OF THE T（4）RADIATION LAW[J]. PROCEEDINGS OF THE ASME SUMMER HEAT TRANSFER CONFERENCE, 2009, （1）: 59-65.

[8] Grimme S. Semiempirical GGA-type density functional constructed with a long-range dispersion correction[J]. JOURNAL OF COMPUTATIONAL CHEMISTRY, 2006,10（27）: 1787-1799.

[9] 刘旭龙, 洪文学, 刘杰民. 基于红外热成像与形式概念分析的面瘫病情客观评估方法[J]. 光谱学与光谱分析, 2014, 04: 932-936.

[10] 马国军, 江国泰, 孙兵. 脉冲调制微波辐照生物组织的热效应及红外热成像研究[J]. 红外与毫米波学报, 2012, 01: 52-56.

[11] 梅林, 王裕文, 薛锦. 红外热成像无损检测缺陷的一种新方法[J]. 红外与毫米波学报, 2000, 06: 457-459.

[12] 王德江, 张涛. 红外探测器成像试验研究[J]. 光谱学与光谱分析, 2011, 01: 267-271.

[13] 陈秀红, 魏合理, 徐青山. 红外大气透过率的计算模式[J]. 红外与激光工程, 2011, 05: 811-816.

[14] 褚君浩. 从智慧地球和绿色地球看现代光电技术的发展机遇[J]. 中国科学院院刊, 2010, 05: 525-532.

[15] 陈大鹏, 邢春飞, 张峥, 等. 太赫兹激励的红外热波检测技术[J]. 物理学报, 2012, 02: 269-274.

[16] 赵石彬, 张存林, 伍耐明, 等. 红外热波无损检测技术用于聚丙烯管道缺陷的检测[J]. 光学学报, 2010, 02: 456-460.

[17] 李艳红, 赵跃进, 冯立春, 等. 红外热波脉冲位相法无损检测缺陷深度方法研究[J]. 北京理工大学学报, 2008, 02: 146-149.

[18] 李艳红, 赵跃进, 冯立春, 等. 基于脉冲位相的红外热波无损检测法测量缺陷深度[J]. 光学精密工程, 2008, 01: 55-58.

[19] 邓晓东, 成来飞, 梅辉, 等. C/SiC 复合材料的定量红外热波无损检测[J]. 复合材料学报, 2009, 05: 112-119.

[20] 赵振兵, 高强, 李然, 等. 基于黑白 CCD 传感器的近红外热像在线监测方法[J]. 电力系统自动化, 2005, 08: 83-86.

[21] Qiao Tiezhu, Zhao Bilong, Shen Ruiping, et al. Infrared image detection of belt longitudinal tear based on SVM[J]. Journal of Computational Information Systems, 2013: 7469-7475.

[22] 乔铁柱, 赵永红, 马俊超. 新型输送带纵向撕裂在线监测系统的设计[J]. 煤炭科学技术, 2010, 02: 55-57.

[23] 赵弼龙, 乔铁柱. 基于支持向量机红外图像分割的输送带纵向撕裂检测方法[J]. 工矿自动化, 2014, 05: 30-33.

[24] 张龙, 乔铁柱. 一种红外图像的二值化分割算法研究[J]. 红外技术, 2014, 08: 649-651.

[25] 乔铁柱, 张龙, 王峰, 等. 一种矿用胶带纵向撕裂红外智能检测传感器及使用方法: 山西, ZL103171875A[P].2013, 06.

[26] 乔铁柱, 赵弼龙, 靳宝全, 等. 一种输送带纵向撕裂视觉检测方法: 山西, ZL102951426A[P].2013, 06.

[27] 乔铁柱, 王晓超, 靳宝全, 等. 基于红外视觉的胶带纵向撕裂检测预警方法: 山西, CN103910181A[P].2014, 07.

[28] 乔铁柱, 段燕飞, 王琦, 等. 基于红外光谱成像的胶带纵向撕裂危险源检测方法: 山西, CN103910182A[P].2014, 07.

[29] 乔铁柱, 赵弼龙, 陈昕, 等. 一种输送带纵向撕裂视觉检测与预警的系统及应用方法: 山西, CN103213823A[P].2013, 07.

[30] 乔铁柱, 唐艳同, 闫来清, 等. 一种输送带纵向撕裂在线监测预警装置: 山西, ZL102358505A[P]. 2012, 02.

[31] 乔铁柱, 李小喜, 徐刚, 等. 一种带式输送机纵向撕裂保护装置: 山西, ZL101708792A[P].2010, 05.